"互联网+教育"的理论与实践系列教材

U0192517

面向师范生的 Python 编程导论

陈明选◎丛书主编

钱逸舟◎著

电子工业出版社

Publishing House of Electronics Industry

北京·BEIJING

内 容 简 介

本书是面向师范生的 Python 编程入门书籍，主要特点是关注 Python 编程的核心概念，对变量、数据类型、运算符、条件语句、循环语句、函数等基本概念进行深入解读。同时，本书通过任务驱动的方式，将编程与解决实际问题相结合，提供丰富的编程与学科融合案例，让编程学习更加生动具体。

图书在版编目（CIP）数据

面向师范生的 Python 编程导论 / 钱逸舟著. —北京：电子工业出版社，2022.12

ISBN 978-7-121-44575-0

Ⅰ. ①面… Ⅱ. ①钱… Ⅲ. ①软件工具－程序设计－教材 Ⅳ. ①TP311.561

中国版本图书馆 CIP 数据核字（2022）第 221211 号

责任编辑：刘　芳　　　　　　特约编辑：田学清
印　　刷：大厂回族自治县聚鑫印刷有限责任公司
装　　订：大厂回族自治县聚鑫印刷有限责任公司
出版发行：电子工业出版社
　　　　　北京市海淀区万寿路 173 信箱　　　　邮编：100036
开　　本：787×1092　　1/16　　印张：11.25　　字数：226 千字
版　　次：2022 年 12 月第 1 版
印　　次：2022 年 12 月第 1 次印刷
定　　价：49.00 元

凡所购买电子工业出版社图书有缺损问题，请向购买书店调换。若书店售缺，请与本社发行部联系，联系及邮购电话：（010）88254888，88258888。

质量投诉请发邮件至 zlts@phei.com.cn，盗版侵权举报请发邮件至 dbqq@phei.com.cn。

本书咨询联系方式：（010）88254507，liufang@phei.com.cn。

前言

　　如果要评选 21 世纪教师的必备素养，计算思维应该是其重要组成部分。计算思维（Computational Thinking）是指运用计算机科学的概念进行问题求解、系统设计和人类行为理解等涵盖计算机科学广度的一系列思维活动。著名计算机科学家周以真（Jeannette M.Wing）教授于 2006 年提出：计算思维是 21 世纪每位儿童都应该掌握的技能。此后计算思维风靡全球。教育从业者纷纷开始探索计算思维的培养方式，越来越多的国家开始普及计算机科学教育。

　　在信息社会的人工智能时代，计算思维是每个人必备的基本技能。虽然计算思维并不等同于编程，但是编程是培养和实践计算思维的重要手段，因此 21 世纪的师范生非常需要掌握一门程序设计语言。

　　Python 作为当前流行的程序设计语言，在人工智能、大数据分析等领域被广泛使用。我国的中学信息技术课程也逐步开始围绕 Python 编程展开。相较于 C 语言和 Java、Python 因其优雅简洁的特点对初学者更为友好，非常适合作为编程入门语言。

　　笔者讲授编程导论课程十年有余，拥有丰富的教学实践经验。笔者认为，同样是学习编程，专业人才与非专业人才在学习内容的深度与广度上都应该有所区别。虽然市面上发行了大量关于 Python 编程的书籍，但是多数都是面向专业人才的。许多高校的师范专业（如教育技术专业）都开设了程序设计入门课程，选用的教材通常是计算机专业的入门教材。本书作为 Python 编程导论，面向的读者群体是师范生或中小学教师。

　　本书主要有以下三大特点。

　　第一，关注基础概念。本书的内容包含 Python 编程的核心概念，如变量、数据类型、运算符、条件语句、循环语句、函数等。目前市面上大部分编程导论教材通常在前两章介绍基本概念，大部分章节主要介绍面向对象、接口、数据结构等高阶内容。然而，笔者在编程教育领域深入调查发现：许多本科生学习编程导论课程后，并没有完全理解最基本的变量概念、程序的顺序结构，对类、对象、接口等需要大量编程实践才能掌握的概念更是一知半解。因此，本书主要关注编程的基础概念，对相关内容进行深入详细的介绍。

第二，强调任务驱动。学习编程应该围绕问题解决来展开，不适合以纯概念、纯知识的方式进行学习。本书在介绍相关知识点和语句时，将围绕实际问题，通过任务驱动的方式来讲解，并提供大量样例代码，方便读者进行实践与练习。本书通过任务驱动的方式讲解，可以帮助读者更好地掌握编程技能。

第三，注重学科融合。近年出台的义务教育新课标非常强调跨学科活动，因此师范生作为未来的教师，需要掌握一定的跨学科教学设计能力。编程课程可以与许多学科融合，是设计跨学科教学的利器。本书中大多数任务与案例都体现了跨学科性，强调编程与学科知识的融合。本书第 7 章将介绍跨学科编程案例，用编程的方法进行学科问题探究。

本书作为面向师范生的 Python 编程导论，也适合其他非计算机专业的初学者学习。本书从培养和实践计算思维角度出发，涵盖的内容非常丰富。如果读者能够按照本书中所有的代码案例进行实践，一定会在计算思维方面受益匪浅。

钱逸舟

2022 年 7 月 9 日

第 1 章

绪 论

1.1 Python 编程

1.1.1 程序的概念

程序（Program）告诉计算机应如何完成一个计算任务，这里的计算可以是数学运算，比如解方程；也可以是符号运算，比如查找和替换文档中的某个单词。从根本上说，计算机是由数字电路组成的运算机器，只能对数字做运算，程序之所以能做符号运算，是因为符号在计算机内部也是用数字表示的。此外，程序还可以处理声音和图像，声音和图像在计算机内部必然也是用数字表示的，这些数字经过专门的硬件设备转换成人可以听到、看到的声音和图像。

程序由一系列基本操作组成，基本操作有以下几类。

（1）输入（Input）

从键盘、文件或者其他设备获取数据。

（2）输出（Output）

把数据显示到屏幕，或者存入一个文件，或者发送到其他设备。

（3）基本运算

最基本的数据访问和数学运算（加减乘除）。

（4）测试和分支

测试某个条件，然后根据不同的测试结果执行不同的后续操作。

（5）循环

重复执行一系列操作。

请读者尝试用上面提到的几个概念解决如下问题：已知三角形的底和高分别为 a、b，求三角形的面积。图 1.1 呈现了大致的三角形面积计算过程，根据三角形面积的计算公式进行面积的计算，程序读取用户输入的三角形底和高的数据，输出计算结果，解决问题。

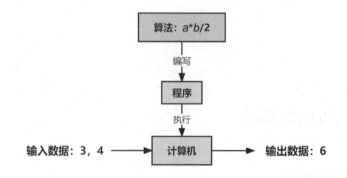

图 1.1　三角形面积的计算过程

如果已知三角形的三条边长，图 1.1 应该如何修改？

任务 1.1：已知三角形的三条边长分别为 a、b、c，如何求三角形的面积？请在图 1.1 的基础上进行修改，画出相对应的计算过程。

1.1.2　为什么学习 Python

编程需要用到程序设计语言。常用的程序设计语言有 C、C++、Java、JavaScript 等，也包括本书介绍的 Python。读者可能会有两个疑问：

- 这些编程语言有什么区别？
- 我们为什么学习 Python 语言？

首先，在 2022 年 6 月公布的编程语言排行榜中，TIOBE 指数如图 1.2 所示，该榜单是当前权威的编程语言排行榜之一。该榜单显示，Python 是当前排名第一的编程语言，接下来是 C、Java 等，这也是我们要学习 Python 的原因。

由于应用普遍，Python 还是当前高中阶段信息技术课程使用的编程语言。作为师范生，如果未来要任教信息技术课，那么掌握 Python 编程技能非常重要。

与其他语言相比，Python 有许多优点。虽然 C 语言和 Java 都是比较常见的编程入门语言，但是由于其语言特性，初学者需要掌握更多细节，因此并不友好。以最简单的程序——在屏幕上输出"Hello World!"为例，Python 仅需一行代码，而 C 语言和 Java 需要有基础结构代码支持，详见代码 1.1～1.3。目前，Python 已经逐渐成为编程入门的首选语言，而且在很多计算机科学的最新领域被广泛使用，尤其是在人工智能、大数据分析领域，Python 都体现出强大的功能。

22年6月排名	21年6月排名		编程语言	占比
1	2		Python	12.20%
2	1		C	11.91%
3	3		Java	10.47%
4	4		C++	9.63%
5	5		C#	6.12%
6	6		Visual Basic	5.42%
7	7		JavaScript	2.09%
8	10		SQL	1.94%
9	9		Assembly language	1.85%
10	16		Swift	1.55%

图 1.2　TIOBE 指数（2022 年 6 月）

来源：https://www.tiobe.com/tiobe-index/，访问日期：2022 年 6 月 13 日

代码 1.1 - Python 版 "Hello World!" 程序

```
print("Hello World!")
```

代码 1.2 - C 语言版 "Hello World!" 程序

```c
#include <stdio.h>
int main()
{
  printf("Hello World!");
  return 0;
}
```

代码 1.3 - Java 版 "Hello World!" 程序

```java
public class HelloWorld
{
  public static void main(String[] args)
  {
    System.out.println("Hello World!");
  }
}
```

思考：代码 1.1、1.2 和 1.3 有哪些相似之处？

1.1.3 Python 是一种解释型语言

前面提到的 Python、C、Java 都是高级程序设计语言，这些语言使用容易理解和记忆的字符或单词作为关键字，开发效率高，便于读写。而计算机能够理解的语言是机器语言，即二进制 0 和 1。虽然我们可以对程序软件进行可视化操作，但是实际上计算机的中央处理器（CPU）只能识别 0 和 1，内存和硬盘也只能存储 0 和 1。因此，当使用一种编程语言完成代码后，需要把代码转换成机器语言，才能使计算机为我们服务，执行代码并解决问题。

通常来说，高级程序设计语言可以分为两大类：编译型和解释型。例如，C 语言是编译型语言，用户需要将代码编译成机器语言，才可以运行程序。编译型语言不能跨平台使用，同一个程序通常需要分别在不同类型的操作系统中编译之后，才可以运行。而解释型语言则可以轻松跨平台使用，因为其代码经过程序语言的解释器实时"翻译"，无需考虑操作系统类型。Python 是一种解释型语言，只要操作系统中安装了 Python 解释器，即可运行 Python 程序。

相较于编译型语言，因为解释型语言是"实时翻译"的，所以其运行效率较低。那么是否可以兼顾性能和跨平台特性？Java 通过将源代码编译成 Java 解释器可以理解的中间码（字节码）来兼顾两者优势。图 1.3 呈现了三种编程语言代码的执行流程。

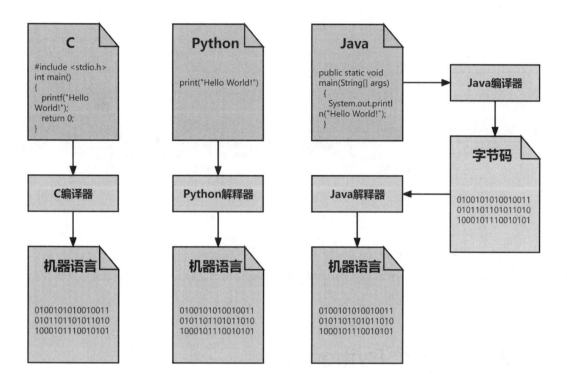

图 1.3　三种编程语言代码的执行流程

1.1.4　Python 的发展历程

Python 由荷兰程序员 Guido von Rossum 开发，最早于 1991 年发布，其 1.0 版本于 1994 年发布，目前主流的 Python 版本是 3.x 版本。虽然单词 Python 的中文翻译是"蟒蛇"，但是 Python 语言的由来与蟒蛇毫无关系。这种程序语言命名为 Python，是因为其创造者 Guido von Rossum 非常喜欢英国的喜剧团体 Monty Python。Python 已有三十多年的发展史，其诞生之初的表现并不起眼，从图 1.4 可以看出，直到近些年 Python 才成为热门编程语言。

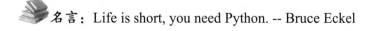 名言：Life is short, you need Python. -- Bruce Eckel

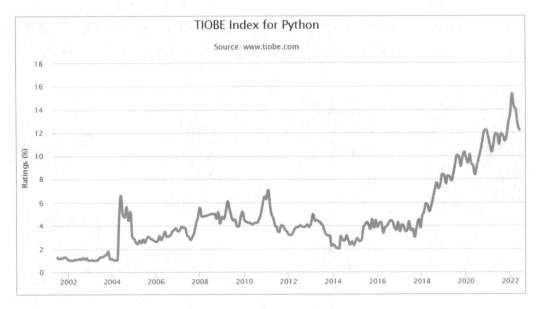

图 1.4　Python 流行趋势

来源：https://www.tiobe.com/tiobe-index/python/，访问日期：2022 年 6 月 13 日

1.2　编写一个 Python 程序

1.2.1　安装 Python

安装 Python 的方法很简单，首先需要在官方网站下载安装文件，然后点击"Downloads"进入下载界面，该界面显示最新版本的 Python 安装文件，以及适用于不同操作系统的 Python 版本，如图 1.5 所示。下载安装文件后，双击打开即可安装，安装界面如图 1.6 所示。本书中的代码需要使用 Python 3.8 或以上版本，读者可以根据需要安装符合要求的 Python 版本。

除 Python 的官方编程环境外，本书还推荐另一款适合初学者的 Python 编程环境 Mu，读者可以通过其官方网站下载适合不同操作系统的版本。Mu 编程环境的设计理念是编程环境简洁，降低初学者的学习难度。

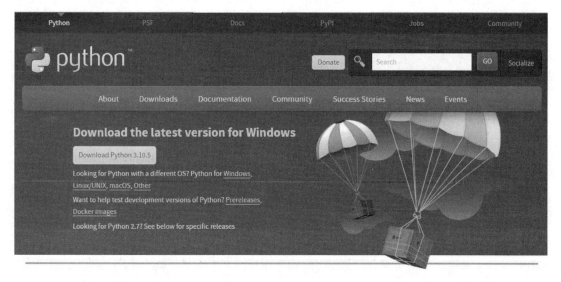

图 1.5　Python 官方下载页面

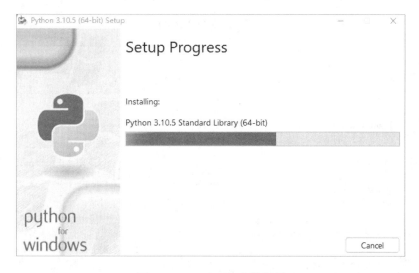

图 1.6　Python 3.10 安装界面

读者还可以通过本书的资源网盘下载相关编程工具。

1.2.2　运行 Python

　　本书中所有的代码不需要特殊的编程环境支持，相关案例代码均可在 Python 官方编程环境 IDLE 中运行。如果读者使用其他编程环境（如 Mu），需要自行研究其编写代码、保存及运行代码的方式。安装官方 Python 编程环境后，读者只需要在开始菜单中找到 IDLE 程序，或者直接搜索 IDLE，即可找到该应用程序，如图 1.7～1.8 所示。

图 1.7　搜索 Python IDLE

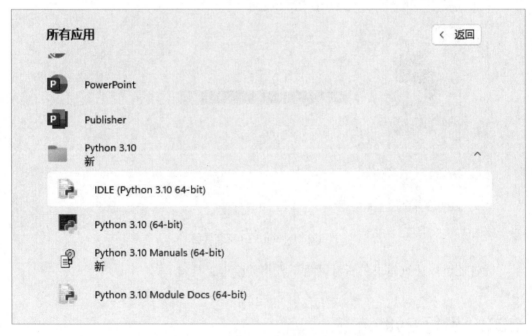

图 1.8　开始菜单中的 Python 应用列表

　　读者可能会有疑问：为什么是打开"IDLE"，而不是"Python 3.10"？因为开始菜单中的 Python 3.10 是 Python 的解释器，虽然它可以运行代码，但是并不是完整的编程环境，而 Python IDLE 是集成了 Python 解释器的编程环境。IDLE 是"Integrated

Development and Learning Environment"的简写，从其全称可以发现，这是一个整合编程环境。

打开 IDLE 之后，显示图 1.9 所示的代码解释器界面，程序开发者可以在这里与 Python 解释器进行实时交互：输入代码，即可显示结果。在三个大于号（>>>）处输入 1+1，然后按下 Enter 键，正常情况下，下一行将输出一个蓝色的 2，将光标移动至下一行的>>>后面，表示 Shell 在等待开发者输入下一行代码。

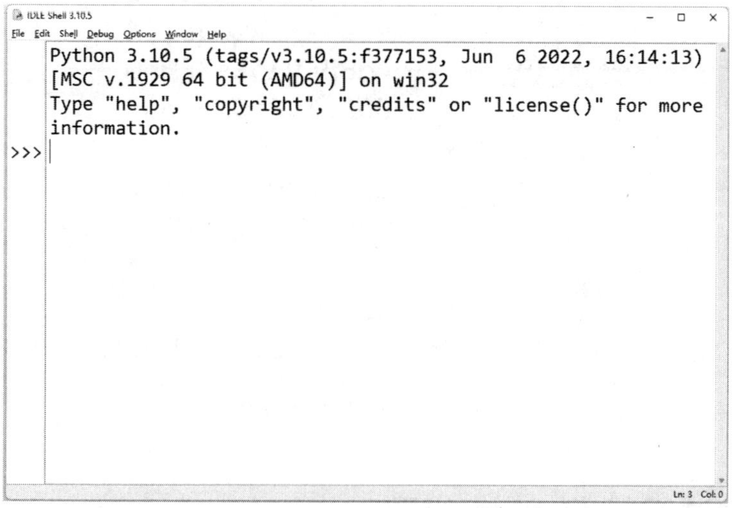

图 1.9　Python IDLE 界面

为了在读写代码时获得更好的体验，读者可以通过设置 IDLE 的配置参数调整字体，只需要打开 Options 菜单，单击 Configure IDLE，在相应界面（如图 1.10 所示）进行设置。

IDLE 提供了适合显示代码的字体，例如，Consolas、Courier New 等，读者可以根据需要选择合适的字体，图 1.10 所示界面选择了 Consolas，即在 Font Face 处选择 Consolas。字体大小可以根据计算机的屏幕大小进行设置，这里设置为 22，即在 Size 处选择 22。在这个设置界面还可以调整很多配置，读者可以自行探索。

打开 Shell 之后，界面中将显示一串英文和数字，例如，图 1.9 中第一行代码 Python 3.10.5 表示当前运行的 Python 版本号。在不同用户的 Shell 界面中，Python 版本号可能不同，这并不影响学习本书，只要 Python 版本号是 3.8 以上即可。注意：本书中的多数代码无法在 Python 2 中运行。

图 1.10　Configure IDLE 界面

1.2.3　尝试运行 Python 代码

在了解 IDLE Shell 之后，我们可以尝试运行一些 Python 代码。在上一节中我们已经尝试输入 1+1，这里继续尝试输入 2*3、1-2 等代码，观察 Shell 是否会输出正确答案。

任务 1.2：请在 Shell 中尝试输入下面的代码，并分析运行结果。

2*3

2 * 3

1-2

10/5

10/0

首先，我们会发现 2*3 和 2 * 3 的运行结果没有差异，都是 6，即*号表示乘法，同时其前后的空格并不影响代码的运行。1-2 的结果与我们预计的相同，是-1。

/ 表示除号，程序执行 10/5 的结果是 2.0 而不是 2，与正常数学计算结果稍有出入。执行代码10/0输出了几行奇怪的结果，其实是 Python 解释器发生警告：代码不符合规则。需要注意的是：计算机只会按照程序设计语言的规则执行代码。

代码运行结果如下：

```
>>> 2*3
6
>>> 2 * 3
6
>>> 1-2
-1
>>> 10/5
2.0
>>> 10/0
Traceback (most recent call last):
  File "<pyshell#1>", line 1, in <module>
    10/0
ZeroDivisionError: division by zero
```

1.2.4　第一个完整的 Python 程序

刚才我们尝试执行的代码似乎还算不上真正的代码，因为都是一些数学计算。下面来尝试执行代码 1.1 的 "Hello World!" 程序，只需要调用 Python 的 print() 函数即可实现。在 Shell 中输入下面的代码，输出相应结果。

代码运行结果如下：

```
>>> print("Hello World!")
Hello World!
```

IDLE 的 Shell 主要是提供交互功能，编写一个完整的程序需要创建程序文件。点击 File 菜单中的 New File 选项即可创建一个程序文件，这时会弹出一个新的窗口，我们可以在新窗口中编写程序。

如图 1.11 所示，在程序编写界面输入代码 print("Hello World!")，点击 Run 菜单中的 Run Module 选项尝试运行程序（如图 1.12 所示），这时会弹出一个对话框提示是否要保存程序，为程序命名，然后选择一个合适的位置保存程序（如图 1.13 所示）。保存完成后，即可在 Shell 中查看程序的运行结果。

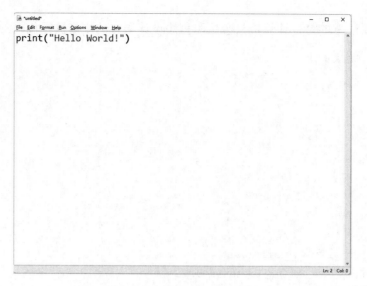

图 1.11 IDLE 程序编写界面

图 1.12 运行代码菜单

图 1.13 保存程序对话框

至此我们已经完成了第一个完整的 Python 程序，接下来扩充代码，多输出一些信息。

任务 1.3： 扩充代码，输出如下两行信息：

```
Hello World!
I love programming!
```

如果你做过类似的尝试，则会发现代码 1.4 并不能输出任务 1.3 中的两行信息，而且会弹出一个错误提示，原因是 Python 无法理解这种表达。

代码 1.4
```
print("Hello World!
    I love programming!")
```

尝试执行代码 1.5，完成任务 1.3。因为要输出两行信息，所以需要调用两次 print() 函数，把要输出的信息放入函数即可。

代码 1.5
```
print("Hello World!")
print("I love programming!")
```

1.2.5　人机互动

至此，我们已经编写过完整的 Python 程序，但是这个程序目前只能输出信息，无法实现人机互动。下面来尝试设计一个能够实现人机互动的程序，即能够根据输入数据进行输出的程序。

这时需要用到一个新的 Python 函数：input()。与 print() 函数不同，input() 函数可以读取用户输入的数据。将读取到的数据保存到一个变量中，即可在程序中使用输入的数据。我们将在下一章介绍变量的概念，这里先参照代码 1.6 来完成任务 1.4。

任务 1.4： 请设计一个程序，询问用户的姓名，当用户输入姓名后，程序对用户说 Hello，例如，用户输入 Jim，程序会输出 Hello Jim。

```
What is your name?
Jim
Hello Jim
```

代码 1.6

```python
print("What is your name?")
name = input()
print("Hello", name)
```

运行程序后，可以发现 Shell 中输出信息"What is your name?"，然后程序暂停，同时下一行有光标闪烁。这是程序在等待用户输入数据，即 input()函数在等待输入。尝试输入 Jim，按下 Enter 键表示"数据输入完毕"，即可看到程序继续运行的输出结果，如图 1.14 所示。

```
IDLE Shell 3.10.5                                        —    □    ×
File Edit Shell Debug Options Window Help
    Python 3.10.5 (tags/v3.10.5:f377153, Jun  6 2022, 16:14:13
    ) [MSC v.1929 64 bit (AMD64)] on win32
    Type "help", "copyright", "credits" or "license()" for mor
    e information.
>>>
    ==== RESTART: C:/Users/qian/AppData/Local/Programs/Python/
    Python310/hello.py ===
    What is your name?
    Jim
    Hello Jim
>>>
```

图 1.14　程序运行对话框

读者可以继续尝试输入其他名字，观察程序的输出结果。但是可能会遇到下面的情况：输入新的名字之后（如 Tom），程序并没有输出 Hello Tom，而是出现了错误。这并不是因为程序有问题，而是因为我们输入第一个名字 Jim 之后，程序收到输入数据，完成输出，程序运行结束。当我们输入第二个名字 Tom 时，Shell 并不了解该输入的意义，Tom 对于 Shell 来说是没有意义的错误代码，所以程序报错。需要注意的是：程序只会按照顺序执行一遍，所有代码都运行完成后，程序会结束运行，并不会自动重新开始执行。

代码运行结果如下：

```
>>>
What is your name?
Jim
Hello Jim
>>> Tom
Traceback (most recent call last):
  File "<pyshell#0>", line 1, in <module>
    Tom
NameError: name 'Tom' is not defined
```

 注意：程序只会按照顺序执行一遍，运行结束后不会自动重启！

本章小结

本章主要介绍了 Python 语言的特点、Python 的安装与运行，同时介绍了 Python 官方程序的 IDLE 编程环境，对比了其 Shell 界面与完整的文件程序编写界面。本章还介绍了基本的信息输出程序，运行了具备简单人机互动功能的 Python 程序。

关键术语

- 计算机科学
- 算法
- 程序
- Python 解释器
- Python IDLE
- Python Shell

课后习题

1. 相比于 C 语言和 Java，Python 有哪些特点？

2. 编译型与解释型程序设计语言的区别是什么？

3. 设计一个程序，输出信息：I'm a programmer!

4. 设计一个程序，输出信息：我喜欢编程。

5. 设计一个程序，询问用户最喜欢的动物是什么，并读取用户输入，然后输出 I love XXX 信息，例如，用户输入 cats，程序即输出 I love cats；如果用户输入 dogs，程序即输出 I love dogs。

第2章

数据与运算

2.1 变量

2.1.1 变量的概念

在 Python 编程中，变量是一个非常基础且重要的概念，因为几乎所有的程序都会用到变量。在运行程序的过程中，计算机需要读取数据、处理数据、输出数据，因此需要把一些数据存储在计算机内存中，方便程序从内存中直接调用相关数据。对应数据存储位置的内存地址非常抽象，不方便记忆与使用，而**变量**（variable）是一种方便理解和记忆的标识符，对应存储某个数据的内存地址。变量可以简单理解为一个名称，程序通过它可以存取、修改内存中的数据。

尝试在 Shell 中定义一个变量 n，并使其等于 100，按下 Enter 键，程序并没有输出任何内容。继续在 Shell 中输入 n，按下 Enter 键，可以发现程序输出一个 100，因为在 Shell 中输入变量名并按下 Enter 键，等价于调用 print()函数输出变量的值。

那么，n 到底指向了内存中的哪个位置？使用 Python 中的 id()函数可以输出 n 的内存位置信息。继续在 Shell 中输入 id(n)，程序会输出一个奇怪的数字（注意：每台计算机上出现的数字可能不同），这个数字就是数据 100 在计算机内存中的位置信息。这个数字不需要记忆，只是用来帮助用户理解变量的本质。我们只需要了解程序中的变量用来存储哪些数据即可。

代码运行结果如下：

```
>>> n = 100
```

```
>>> n
100
>>> print(n)
100
>>> id(n)
2446972947792
>>> n = 99
>>> n
99
>>> id(n)
2446972947760
```

顾名思义，变量的值是可以变化的，为变量重新赋值即可改变变量的值，例如，使 n=99，那么 n 的值被改变，本质上是其指向的内存地址发生改变，如图 2.1 所示。

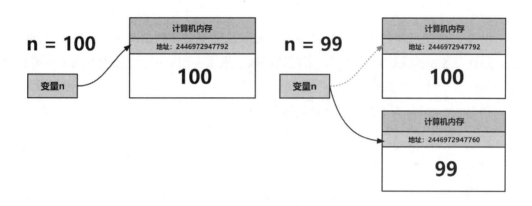

图 2.1　改变变量值的过程

2.1.2　变量赋值

为变量设置值的过程叫作**赋值**（assignment），n=99 称为赋值语句，等于号（=）也叫作赋值运算符。赋值语句的本质可以理解为：将等于号（=）右边的值赋予左边的变量。在赋值语句中，等于号（=）右边通常是一个表达式。**表达式**（expression）是可以被求值的代码，简而言之就是运算后得到一个值的算式。

下面我们一起来看几个赋值语句的案例。代码 2.1 中的第一行是我们已经尝试运行过的赋值语句：n = 100，这里等号左边是变量 n，右边是 100。这里的 100 是最简单的表达式，因为它本身就是一个值。第二行和第三行分别对变量 a、b 进行赋值，表达式 2+1 得到的值是 3，所以 3 被赋予变量 a；表达式 2*3 的值是 6，所以变量 b 的值为 6。

代码 2.1 中的最后一行看起来有些奇怪，因为等号右边的表达式是两个变量相加，实际上，这种表达式没有任何问题，而且是编程中比较常用的表达式。根据上面的代码，我们已经知道变量 a 的值为 3，变量 b 的值为 6，所以最后一条赋值语句的作用是把值 9 赋予变量 c。

代码 2.1
```
n = 100
a = 2 + 1
b = 2 * 3
c = a + b
```

2.1.3　变量的命名

Python 的变量命名必须符合规则。Python 的变量名必须由英文字母或者下画线开头，并且只能由英文字母、数字、下画线组成。根据上述规则，观察任务 2.1 中哪些变量名是不合法的，并说明原因。

任务 2.1：下列变量名中，哪些是不合法的，为什么？

a1

1a

_abc

x_y

姓名

#a1

qq.com

false

From

from

age

Age

此外，变量名不能是 Python 的关键字（也叫作保留字）。Python 3 的关键字见表 2.1，共 35 个。这些关键字无须记忆，因为在 IDLE 编程环境中，Python 关键字会呈现为橙色，如果程序使用的变量名显示为橙色，则需要考虑更换变量名。根据表 2.1 中的

关键字，查看任务 2.1 中有哪些不合法的变量名。

表 2.1　Python 3 关键字列表

False	await	else	import	pass
None	break	except	in	raise
True	class	finally	is	return
and	continue	for	lambda	try
as	def	from	nonlocal	while
assert	del	global	not	with
async	elif	if	or	yield

尝试：在 IDLE 中新建程序，用关键字命名变量，并观察其与一般变量有何区别。

如果实在记不住关键字，可以利用下面的程序来输出所有关键字。

代码 2.2

```
import keyword
print(keyword.kwlist)
```

Python 变量命名还有一条重要规则是：区分大小写。简单来说，变量 n 和变量 N 是两个不同的变量，因为一个是小写的 n，一个是大写的 N。从英语的角度来说，大小写可能并不能导致本质区别；但是在 Python 编程中，同一个字母的大小写则被认为是两个完全不同的字符。

Python 变量命名的基本规则已经介绍完毕，再来看任务 2.1，你的答案是什么？参考表 2.2，检查你的答案是否正确。

表 2.2　任务 2.1 中变量的合法性判断

变　量　名	是否合法	原　　因
a1	是	
1a	否	不能以数字开头
_abc	是	
x_y	是	
姓名	否	不能用中文
#a1	否	不能以#开头
qq.com	否	不能有字符
false	是	因为首字母为小写，所以与关键字 False 不同

续表

变 量 名	是 否 合 法	原 因
From	是	
from	否	因为是关键字
age	是	
Age	是	

　　除变量命名的一般规则外，我们还要注意变量名称的可读性，即尽可能为变量取一个容易理解的名字，使程序方便阅读。对于一个仅有十行的程序，变量名也许不会影响他人理解代码；但是对于几十行上百行的程序，合理命名变量会非常重要。

2.2　数据类型

2.2.1　基本数据类型

　　除名称外，变量的另一个重要属性是**类型**（type），即其指向的数据的类型。在 Python 编程中，最常用的数据类型有四种：

- 整型：int
- 浮点型：float
- 字符串型：str
- 布尔型：bool

　　前面我们已经创建过整型变量，例如 n = 100，这里变量 n 的值是 100，类型是 int（整型）。我们可以利用 Python 的 type()函数来查看变量的类型。在 Shell 中输入下面的代码，可以发现 n 的类型是<class 'int'>。class 可以理解为类型，int 表示整数（实际上 int 是整数的英文 integer 的缩写）。

```
>>> n = 100
>>> type(n)
<class 'int'>
```

　　浮点数表示带有小数点的数，其英文全称是 floating point number。小数被称为浮点数，是因为计算机用科学记数法表示小数，当改变指数时，小数点会"浮动"。例如：3.14 可以表示为 3.14×10^0，也可以表示为 31.4×10^{-1}。简而言之，在 Python 中有小数点的数，就是 float 类型。请参照代码 2.3 编写程序，并分析其运行结果。

代码 2.3

```
pi = 3.14
print(type(pi))


n = 100.0
print(type(n))
```

代码运行结果如下：

```
>>>
<class 'float'>
<class 'float'>
```

代码 2.3 中先定义了一个变量 pi，赋值 3.14，然后输出其类型为 float。这符合我们的预期，3.14 是小数。但是，为什么第二个变量 n = 100.0 也是 float 类型呢？原因很简单，因为 100.0 包含小数点，所以是浮点数。

第三个类型是 str，字符串类型，指包含在引号之间的字符系列，例如："Hello World!" 表示一个字符串。str 是英文 string 的缩写，string 是一系列、一串的意思。在 Python 中，英文的单引号和双引号都可以用来定义字符串，但是一定要注意：不能使用中文引号来定义字符串。请读者参照代码 2.4 编写程序，并分析其运行结果。

代码 2.4

```
name = "Tom"
print(type(name))


message = 'Hello World!'
print(type(message))


age = '18'
print(type(age))
```

代码运行结果如下：

```
>>>
<class 'str'>
<class 'str'>
<class 'str'>
```

代码 2.4 中有三个变量，从运行结果来看，前两个变量都是 str 类型。但是第三个变量 age 明明是一个数字，为什么也是 str 类型呢？原因很简单，无论引号中的字符是什么数据类型，都会被定义为字符串。

最后一种类型是 bool，布尔类型。这个类型的数据只有两个值：True 和 False。在表 2.1 Python 关键字列表中，已经出现过这两个值（注意：它们的首字母都是大写的）。下一章将详细介绍 bool 类型，这里读者只需了解 Python 变量有这种数据类型即可。

任务 2.2：定义两个 bool 类型的变量，其值分别为 True 和 False，然后输出其类型，并自行分析输出结果。

上面我们介绍了 Python 编程中四种常见的数据类型。在代码 2.5 中，我们展示了四种不同类型的变量案例，如果对数据类型感到困惑，可以参考这些代码进行理解。代码 2.5 中，# 号开头的信息是代码**注释**（comment），注释不会影响代码的执行，主要作用是帮助理解代码的含义。本书后续的代码案例会经常使用注释。

代码 2.5

```
# 变量 a 的值是 10，a 的类型是整数 int
a = 10

# 变量 b 的值是 3.14，b 的类型是浮点数 float
b = 3.14

# 变量 c 的值是 "Hi"，c 的类型是字符串 str
c = "Hi"
# 变量 d 的值是 '10'，d 的类型也是字符串 str
d = '10'
# 注意：双引号或者单引号都可以定义字符串，即使引号内是一个数，其类型也是字符串

# 变量 e 的值是 True，e 的类型是布尔型 bool
e = True
```

2.2.2 常见运算符

计算机程序的重要功能是进行数学计算，在上面学习的四种数据类型中，有两种类型与数学计算有关：int 和 float。这两种数据类型经常出现，适用于它们的常见运算符包括：+（加）、-（减）、*（乘）、/（除）。

来看任务 2.3，首先设置一个变量表示正方形的边长，然后根据计算公式求出周长，最后使用 print() 函数输出结果。

任务 2.3：设计一个程序，能够根据正方形的边长求出正方形的周长，并输出结果。

代码 2.6

```
# 设置边长
side = 3
# 计算周长
c = side * 4
# 输出结果
print("正方形的周长是:", c)
```

代码 2.6 给出了样例程序，设置变量 side 表示边长，然后通过乘法运算求出周长，最后使用 print() 函数输出结果。可以看到，print() 函数的括号中有两个元素，一个是字符串"正方形的面积是:"，另一个是变量 c（表示周长），两者之间使用英文逗号（,）隔开。从程序的运行结果可以发现，该程序已经完成了任务 2.3。

代码运行结果如下：

```
>>>
正方形的面积是: 12
```

接下来请尝试修改 side 的值，例如，修改为 3.5，再观察输出结果是否正确。同时，在此基础上扩展程序，使程序输出正方形的周长和面积。

任务 2.4：在代码 2.6 的基础上优化程序，使程序能够根据正方形的边长，输出正方形的周长和面积。

下面继续提升难度，例如，设计一个计算梯形面积的程序。根据梯形的面积公式，我们需要确定其上底和下底的长度 a、b，以及梯形的高度 h。

任务 2.5：已知梯形的上底和下底分别为 a、b，高度为 h，设计一个程序求梯形的面积 A，并输出计算结果。

$$A = \frac{a+b}{2} \cdot h$$

代码 2.7

```
a = 2
b = 3
h = 4
# 计算梯形面积
```

```
A = (a + b) * h / 2

# 输出结果
print("该梯形的面积是:", A)
```

要完成任务 2.5，难点在于如何把梯形面积公式转换为代码。代码 2.7 给出了样例，因为加法的运算优先级低于乘除，所以这里使用括号提升其优先级。运行程序，从输出结果可以看出程序可以计算出梯形的面积。有趣的是输出结果并不是整数 10，而是浮点数 10.0，原因是在 Python 中除法运算的结果总是 float 类型，无论其数学计算结果是否为整数。

代码运行结果如下：

```
>>>
该梯形的面积是: 10.0
```

💡 **尝试**：修改变量的值，运行代码，查看结果。

2.2.3 类型转换

在第 1 章中，我们学习过一个简单的人机互动程序，即用户输入数据，程序根据用户输入的数据来输出信息。本节我们将使用数据输入函数 input() 来优化程序。

回到任务 2.3：求正方形的周长。首先，程序提示用户输入正方形边长，然后将用户输入的数据保存在变量 side 中，再进行计算。根据这个思路，我们把代码 2.6 升级成代码 2.8。运行程序，Shell 会提示用户输入边长，输入 3，按下 Enter 键，即可输出运行结果。

代码 2.8

```
# 读取边长
print('请输入正方形的边长：')
side = input()

# 计算周长
c = side * 4

# 输出结果
print("正方形的周长是:", c)
```

代码运行结果如下：

```
>>>
请输入正方形的边长：
3
正方形的周长是：3333
```

奇怪的是，运行结果并不是 12，而是 3333。原因是 input()函数读取用户输入的数据时，并不能判定数据的具体类型，即无论用户输入什么数据，都会被判定为字符串类型。所以，当我们输入数字 3 时，input()函数读取到的是字符串'3'，而 Python 中的字符串可以与整数进行乘法运算，结果就是复制自身。请读者运行代码 2.9，尝试输入不同数据，观察运行结果。

代码 2.9
```
a = input()
print(type(a))
b = a * 3
print(b)
```

如何才能使程序正确地使用输入数据呢？答案是需要进行数据类型转换。要将字符串转换为整数，需要使用 int()函数。运行代码 2.10，可以发现 n 最初为 str 类型，经过转换后，即可以整数类型进行数学运算。赋值语句 n = int(n)的执行过程是，首先利用 int()函数将 n 转换为整数类型，然后再赋值给变量 n。

代码 2.10
```
n = '100'
print(type(n))
print(n * 2)

# 将 n 转换为 int 类型
n = int(n)
print(type(n))
print(n * 2)
```

代码运行结果如下：
```
>>>
<class 'str'>
100100
<class 'int'>
200
```

在代码 2.11 中，我们使用 int()函数修复代码 2.8 中的错误，将变量 side 转换为整数类型。再次运行代码，输入 3，可以发现输出结果为 12，程序运行成功！

代码 2.11

```
# 读取边长
print('请输入正方形的边长: ')
side = input()
side = int(side)

# 计算周长
c = side * 4

# 输出结果
print("正方形的周长是:", c)
```

代码运行结果如下：

```
>>>
请输入正方形的边长:
3
正方形的周长是: 12
```

继续尝试其他数据，如 3.5，程序无法正常执行，并提示错误信息。程序提示错误的原因是字符串'3.5'的引号中有三个字符，而这三个字符并不构成一个整数，所以 int()函数不能正常执行。因此，只有在字符串是整数的情况下，int()函数才能实现类型转换。

代码运行结果如下：

```
>>>
请输入正方形的边长:
3.5
Traceback (most recent call last):
  File "C:\Users\qian\AppData\Local\Programs\Python\Python310\ example.py",
line 4, in <module>
    side = int(side)
ValueError: invalid literal for int() with base 10: '3.5'
```

这时，我们可以使用 float()函数来解决问题，将字符串转换为浮点数。运行代码 2.12，尝试输入 3.5，观察程序是否能够正常运行。然后尝试输入 3，查看运行结果与代码 2.11 有何不同，并思考原因。

代码 2.12

```
# 读取边长
print('请输入正方形的边长：')
side = input()
side = float(side)

# 计算周长
c = side * 4

# 输出结果
print("正方形的周长是:", c)
```

代码运行结果如下：

```
>>>
请输入正方形的边长：
3.5
正方形的周长是: 14.0
```

既然字符串可以转换为整数和浮点数，那么反向转换是否可行呢？答案是肯定的，Python 提供了 str() 函数来完成这个任务。代码 2.13 给出了转换样例，读者可以尝试运行该程序，并查看运行结果。

代码 2.13

```
n = 100
pi = 3.14

# 转换为 str 后输出其类型
n = str(n)
print(type(n))

pi = str(pi)
print(type(pi))
```

读者也可以在 Shell 中尝试对比转换前后的数据变化，可以发现变量 n 经过 str() 转换后多了一对引号，其类型变为字符串型。

```
>>> n = 100
>>> n
100
>>> str(n)
'100'
```

此外，整数类型与浮点数类型之间也能够相互转换。浮点数类型转换为整数类型后，小数部分被去除，而整数类型转换为浮点数类型之后，会增加小数点。代码 2.14 对上述几个数据转换函数进行了总结。

代码 2.14

```
# int()函数可以将字符串或者小数转换成整数
a = int('10')        # 这里变量 a 的值将变成整数 10
b = int(3.14)        # 这里变量 b 的值将变成整数 3

# float()函数可以把字符串或者整数转换成浮点数（小数）
x = '3.14'           # 这里变量 x 是字符串，值为'3.14'
c = float(x)         # 这里变量 c 的值是浮点数 3.14
y = float(10)        # 这里变量 y 的值是浮点数 10.0

# str()函数可以把数字转换成字符串
d = str(10)          # 这里变量 d 的值是'10'，类型是字符串
e = str(3.14)        # 这里变量 e 的值是'3.14'，类型是字符串
```

2.3　数据的输入与输出

2.3.1　input()函数

前面我们已经使用过 input()函数来读取用户输入的数据，这里将进一步介绍 input()函数的用法。读者可以在 input()函数的括号中输入信息，提示用户输入数据（参考代码 2.15）。本书并不推荐这种方式，因为我们希望 input()函数负责输入数据，而输出由 print()函数完成。

代码 2.15

```
name = input("What is your name?")
print("Hello", name)
```

我们已经了解到 input()函数读取的输入数据是字符串类型，或者说 input()函数的返回值是字符串。当需要输入数字并进行计算时，需要进行数据类型转换。请读者尝试完成任务 2.6，复习 input()函数的用法。

任务 2.6：设计一个程序，输入一个整数表示圆的半径，程序输出圆的周长。

在这个任务中，用户输入的数据一定是整数，无须考虑浮点数的情况。程序直接读取数据，根据圆的周长公式计算，然后输出运算结果。代码 2.16 给出了参考程序。

代码 2.16

```
# 输入数据
print("请输入一个整数表示圆的半径:")
r = input()
# 转换类型
r = int(r)
# 计算周长
c = 2 * r * 3.14
# 输出结果
print("圆的周长=", c)
```

代码运行结果如下：

```
>>>
请输入一个整数表示圆的半径:
3
圆的周长= 18.84
```

在上面的案例中，我们只需要输入一个数据。如果要输入多个数据，则需要使用多个 input() 函数。请读者尝试完成任务 2.7。前面已经设计过这个程序，只是任务 2.7 中梯形的上底、下底和高由用户输入，因此我们可以在代码 2.7 的基础上进行优化扩展。

任务 2.7：设计一个程序，由用户输入梯形的上底、下底和高，然后计算并输出梯形的面积 A。

$$A = \frac{a+b}{2} \cdot h$$

代码 2.17

```
# 输入数据
print("请输入梯形的上底、下底和高，每行输入一个数据:")
a = input()
a = int(a)
b = input()
b = int(b)
h = input()
h = int(h)
```

```
# 计算梯形面积
A = (a + b) * h / 2

# 输出结果
print("该梯形的面积是:", A)
```

代码运行结果如下:

```
>>>
请输入梯形的上底、下底和高，每行输入一个数据:
2
3
4
该梯形的面积是: 10.0
```

代码 2.17 给出了完成任务 2.7 的样例程序，但是程序代码稍显冗长，其中三个数据的读取与转换占用了六行代码，不方便阅读。请读者尝试优化，使用一行代码集中实现读取数据和类型转换功能。

因为 input()函数的返回值是用户输入的字符串，而 int()函数可以将字符串值作为参数，并转换为整型值。所以，我们只需要将 input()作为 int()函数的参数，然后赋值给变量即可，代码 2.18 为优化后的程序。

代码 2.18

```
# 输入数据
print("请输入梯形的上底、下底和高，每行输入一个数据:")
a = int(input())
b = int(input())
h = int(input())

# 计算梯形面积
A = (a + b) * h / 2

# 输出结果
print("该梯形的面积是:", A)
```

代码 2.18 还有一个小问题，即输入的数据只能是整数，如果用户输入的数据是浮点数，程序就无法正常运行。请读者继续尝试优化该程序，使其能够兼容浮点数。

任务 2.8: 优化代码 2.18,使其能够读取浮点数作为输入数据,并准确计算梯形的面积。

2.3.2 print()函数

我们注意到，前面章节的所有代码都使用了 print()函数，因为对于任何一个程序来说，数据的输出是一个必要条件。如果程序没有输出任何数据，用户就无法确定这个程序实现的功能。既然数据输出对程序来说如此重要，下面我们就来深入学习 print()函数。

最简单的 Python 程序只包含一个 print()函数，并且括号中没有任何数据，这个程序将输出一个空行。

```
>>> print()

>>>
```

print()函数包含一个 end 参数，其默认值为 \n（一个换行符）。这意味着，当调用 print()函数且没有填入任何参数时，可以实现换行。运行代码 2.19，可以发现后面两个 print()函数连续输出信息，因为代码中设置了 end 参数为空字符串。如果输出数据时不希望换行，可以将 print()函数的 end 参数设置为空字符串。

代码 2.19

```
print('Hello')
print('Jim')
# 设置end参数为空
print('Hello', end="")
print('Jim')
```

代码运行结果如下：

```
>>>
Hello
Jim
HelloJim
```

在程序输出结果时，我们可能希望一行输出多个值，只需要把多个值作为参数，使用英文逗号（,）隔开即可。我们在前面的程序中已经用到这个方法，只是没有具体介绍。下面来看代码 2.20，第一个 print()函数输出了两个值，一个是字符串 Hello，另一个是变量 name 的值；第二个 print()函数输出了三个大写字母。有趣的是，在输出结果中意外出现了一些空格。

代码 2.20

```
name = 'Jim'
```

```
print('Hello', name)
print('A','B','C')
```

代码运行结果如下：

```
>>>
Hello Jim
A B C
```

出现空格的原因是：print()函数还包含一个 sep 参数，其默认值为一个空格。参数 sep 是 separator 的缩写，其含义是分隔符。当 print()函数有多个值要输出时，sep 分隔符也会同时输出，用于分隔输出结果。如果不想使用空格作为分隔符，只需要调整 sep 参数即可。代码 2.21 给出了参考案例。

代码 2.21

```
name = 'Jim'
# 设置 sep 为三个+
print('Hello', name, sep="+++")
# 设置 sep 为空
print('A','B','C', sep="")
```

代码运行结果如下：

```
>>>
Hello+++Jim
ABC
```

下面来看任务 2.9，观察如何利用 print()函数来实现设定的输出。

任务 2.9：设计一个程序，由用户输入一个整数表示圆的半径，程序计算圆的周长，并输出如下信息（假设用户输入 2）：

圆的半径为 2，其周长=12.56。

任务要求输出结果包括半径和周长，且中间没有空格，所以我们需要设置 sep 参数来实现。代码 2.22 能够完成任务，但是其运行结果缺少标点符号。请读者尝试优化代码 2.22，使其能够完成任务 2.9 的所有要求。

代码 2.22

```
# 输入数据
print("请输入一个整数表示圆的半径:")
r = input()
# 转换类型
```

```
r = int(r)
# 计算周长
c = 2 * r * 3.14
# 输出结果
print("圆的半径为", r, "其周长=", c, sep="")
```

　　代码运行结果如下：

```
>>>
请输入一个整数表示圆的半径：
2
圆的半径为2其周长=12.56
```

👆 **注意**：使用 print()函数输出变量的值时，千万不可将其放入引号中！

2.3.3　f-strings 格式化输出

　　在多数情况下，print()函数能够实现我们对数据输出的要求。但是，当输出数据较多或者用户有特殊要求时，仅仅使用 print()函数的基本功能可能会使代码结构复杂，容易出错。例如，任务 2.9 中，如果要实现对应的输出，完整的输出语句应该如代码 2.23 所示。代码结构复杂的原因是，变量需要与其他信息一起输出。

代码 2.23
```
print("圆的半径为", r, "，其周长=", c, "。", sep="")
```

　　Python 为我们提供了 f-strings，也叫作格式字符串。f-strings 的 f 表示 format（格式），即格式字符串可以按照一定的格式来呈现数据。格式字符串只是比普通字符串前多一个英文字母 f，同时利用花括号{}将变量嵌入字符串中。需要注意的是，f-strings 只有在 Python 3.6 及以上版本中可用。

　　代码 2.24 使用 f-strings 把变量 name 和 age 嵌入到格式字符串中，实现了字符串和整数的混合输出，而且代码更简洁，非常容易阅读。

代码 2.24
```
name = "小明"
age = 18
print(f'我叫{name}，我今年{age}岁！')
```

　　代码运行结果如下：

```
>>>
```

我叫小明，我今年 18 岁！

那么是否可以使用 f-strings 来优化代码 2.23 呢？样例见代码 2.25。通过对比可以发现，使用 f-strings 后，代码不仅得到简化，可读性也得到增强。

代码 2.25

```
# 使用 f-strings
print(f"圆的半径为{r}，其周长={c}。")
# 原来的版本
print("圆的半径为", r, "，其周长=", c, "。", sep="")
```

除上述基本功能外，f-strings 还有非常强大的格式化输出功能。下面来看任务 2.10，程序需要输出三个数据，其中周长和面积都容易计算，对角线需要求解 $\sqrt{2}$ 的值。在 Python 中求解平方根，我们只需引入 math 程序包，调用 sqrt() 函数。程序包也叫作模块（module），是指已经编写好的程序集合，可以简单理解为一个工具箱，sqrt() 函数是这个工具箱中用于求解平方根的工具，sqrt 是英文 square root 的缩写。代码 2.26 是实现任务 2.10 的样例程序。

任务 2.10： 用户输入一个整数表示正方形的边长，程序输出正方形的周长、面积和对角线长度。

代码 2.26

```
# 导入 math 程序包
import math

# 输入数据
print("请输入一个整数表示正方形的边长:")
side = int(input())

# 处理数据
p = side * 4              # 周长
s = side * side          # 面积
d = side * math.sqrt(2)  # 对角线

# 输出数据
print(f"正方形的周长为: {p}")
print(f"正方形的面积为: {s}")
print(f"正方形的对角线为: {d}")
```

代码运行结果如下：

```
>>>
请输入一个整数表示正方形的边长：
3
正方形的周长为：12
正方形的面积为：9
正方形的对角线为：4.242640687119286
```

虽然代码 2.26 使用了 f-strings，代码中的输出语句比较简洁，但是输出结果并不理想。例如：对角线的值小数位数太多，我们希望只保留 2 位小数。要解决这一问题非常简单，只需要设置 f-strings 的格式化参数。

设置格式化参数的方法是，在变量后面添加英文冒号（:），然后设置输出格式。例如代码 2.27 中，变量 d 只输出两位小数，因为冒号后面的 ".2f" 含义是：小数点后的固定位数为 2，f 表示 fixed point number（固定小数位数）。如果要显示三位小数，只需要把 ".2f" 改为 ".3f"。

代码 2.27

```
# 保留两位小数
print(f"正方形的对角线为：{d:.2f}")
# 保留三位小数
print(f"正方形的对角线为：{d:.3f}")
```

代码运行结果如下：

```
>>>
请输入一个整数表示正方形的边长：
3
正方形的周长为：12
正方形的面积为：9
正方形的对角线为：4.24
```

保留两位小数后，输出结果更加简洁。但是输出结果中的数字没有完全对齐，我们可以设置总宽度的值来继续优化输出结果。例如：将代码 2.26 的输出语句修改成代码 2.28 的形式，设置周长和面积值的输出结果总宽度为 8，对角线值的输出总宽度为 6。再次运行程序，可以发现运行结果中的数据都靠右对齐。

代码 2.28

```
# 总宽度为 8
print(f"正方形的周长为：{p:8}")
print(f"正方形的面积为：{s:8}")
```

```
# 总宽度为 6，保留两位小数
print(f"正方形的对角线为：{d:6.2f}")
```

代码运行结果如下：

```
>>>
请输入一个整数表示正方形的边长：
3
正方形的周长为：      12
正方形的面积为：       9
正方形的对角线为：   4.24
```

本节展示了 f-strings 的格式化参数的一些基本设置方式，读者可以通过查阅资料了解格式化参数的各种细节，并在代码中进行尝试与探索，体会 Python 强大的格式化输出能力。

任务 2.11：上网检索 Python f-strings 的相关信息，阅读其格式化参数的使用说明与相关案例，并在代码中尝试相关配置，深入了解这一强大的格式化输出工具。

2.4 运算符进阶

2.4.1 ** 幂运算符

除常见的运算符外，Python 还提供了一些高级运算符。在 Python 语言中，双乘号（**）是幂运算符，例如：a**b 可以求解 a 的 b 次方的值。利用幂运算符，我们可以非常简便地进行幂运算。下面来看任务 2.12，根据球的半径计算球的体积。这里需要计算半径 r 的三次方，通过代码 2.29 来对比是否使用幂运算符的区别。

任务 2.12：已知球体半径为 r，设计一个程序求解球的体积 V，并输出计算结果。

$$V = \frac{4}{3} \cdot \pi \cdot r^3$$

代码 2.29

```
# 输入数据
print("请输入一个数表示球体半径:")
r = float(input())
```

```
# 不使用幂运算符
V1 = (4/3) * 3.14 * r * r * r
# 使用幂运算符
V2 = (4/3) * 3.14 * r ** 3

# 输出数据
print(f"球的体积为: {V1:.3f}")
print(f"球的体积为: {V2:.3f}")
```

代码 2.29 使用了两种方式计算球的体积，从输出结果来看两者没有区别，不过从代码本身来看，幂运算可读性更强，更好地还原了数学公式。

代码运行结果如下：

```
>>>
请输入一个数表示球体半径:
3.2
球的体积为: 137.189
球的体积为: 137.189
```

幂运算的用途非常广泛，如果把幂设置为小于 1 的数，可以进行开方运算。例如，把代码 2.26 的 math.sqrt() 开根号替换成幂运算，可以使代码更加简洁。对比代码 2.26 与 2.30，可以发现两段代码的运行结果相同，但是代码 2.30 更加简洁。

代码 2.30

```
# 输入数据
print("请输入一个整数表示正方形的边长:")
side = int(input())

# 处理数据
p = side * 4              # 周长
s = side * side           # 面积
d = side * 2**0.5         # 对角线

# 输出数据
print(f"正方形的周长为: {p}")
print(f"正方形的面积为: {s}")
print(f"正方形的对角线为: {d:.2f}")
```

代码运行结果如下：

```
>>>
请输入一个整数表示正方形的边长:
3
```

正方形的周长为：12
正方形的面积为：9
正方形的对角线为：4.24

2.4.2 // 取整除运算符

在 Python 中，双除号（//）运算符可以求解两个数相除商的整数部分，也叫作取整除运算符。请读者尝试在 Shell 中输入以下表达式，理解双除号的实际功能。

- 10 // 5
- 10 // 3
- 5 // 2
- 10 // 0.3
- 3.5 // 0.7
- 5.3 // 2

可以发现，上述表达式的运算结果都是整数。如果除数与被除数都是 int 类型，运算结果也是 int 类型；如果除数与被除数中有一个是 float 类型，运算结果则是 float 类型。无论除数与被除数是什么数据类型，整除运算的结果都是最接近商的整数，而不是四舍五入得到的整数。

在进行一些整数运算时，双除号运算符能够发挥重要作用，在后续许多练习中都会用到。请读者尝试利用取整除运算符完成任务 2.13。

任务 2.13： 用户输入一个两位数，设计一个程序输出其十位上的数字。例如，用户输入 25，程序输出 2；用户输入 87，程序输出 8。

对于一个两位数来说，十位上的数字可以理解为这个两位数由几个 10 组成。因此，我们只需要设计简单的程序，将这个两位数除以 10，获得商的整数部分，即可解决这个问题。

代码 2.31

```
# 输入数据
print("请输入一个两位数:")
n = int(input())

# 处理数据
```

```
a = n // 10

# 输出数据
print(f"{n}十位上的数字为{a}")
```

代码运行结果如下：

```
>>>
请输入一个两位数：
25
25十位上的数字为2
```

💡 **尝试**：修改代码求解三位数的百位上的数字。

2.4.3 % 取余数运算符

Python 还有一个非常重要的运算符是%取余数运算符，也称作取模运算符。该运算符可以计算两个数相除的余数，例如：a%b 的值就是 a 除以 b 的余数。请读者尝试在 Shell 中输入以下表达式，了解%取余数运算符的实际功能。

- 10 % 5
- 10 % 3
- 5 % 2

要注意的是，在 Python 编程中，%是一个运算符，并不是数学意义上的百分号。理解一个新的运算符，最好的办法是通过解决实际问题。首先我们来完成一个简单的任务：计算并输出两个整数相除的余数。

任务 2.13：用户输入两个整数 a、b，设计一个程序输出 a 除以 b 的余数。

要完成该任务，只需要先读取输入的两个整数，然后使用%运算符求出余数，再进行输出即可。

代码 2.32
```
# 输入数据
print("请输入两个整数，每行一个:")
a = int(input())
b = int(input())
```

```
# 处理数据
c = a % b

# 输出数据
print(f"{a}除以{b}的余数为：{c}")
```

代码运行结果如下：

```
>>>
请输入两个整数，每行一个：
10
3
10 除以 3 的余数为：1
```

可以发现，%是一个神奇的运算符，我们可以利用它完成更多任务。下面我们来尝试完成任务 2.14。计算机并不会主动识别个位数字，我们要做的是把指令转换成代码——计算机可以理解的语言。首先需要设计出解决问题的步骤，即可以用代码表示的步骤，通常由算法实现。

任务 2.14： 用户输入一个整数，设计一个程序输出这个数的个位上的数字。

思路 1： 读取整数 n 后，求其个位以外的数字（n//10，即 n 对 10 进行取整除），设为 m，然后计算 n－m*10 即可获得个位数字，参考代码如下：

代码 2.33
```
# 输入数据
print("请输入一个整数：")
n = int(input())

# 处理数据
m = n // 10
x = n - m * 10

# 输出数据
print(f"{n}的个位数字为：{x}")
```

代码运行结果如下：

```
>>>
请输入一个整数：
12345
12345 的个位数字为：5
```

思路 1 符合我们的思维习惯。在代码 2.33 的设计过程中，我们有所发现：一个整数除以 10 之后的余数，就是其个位数字。

思路 2：读取整数 n 后，求其除以 10 之后的余数，即可获得个位数字，参考代码如下：

代码 2.34
```
# 输入数据
print("请输入一个整数:")
n = int(input())

# 处理数据
x = n % 10

# 输出数据
print(f"{n}的个位数字为: {x}")
```

代码运行结果如下：
```
>>>
请输入一个整数:
3579
3579 的个位数字为: 9
```

对比代码 2.33 和代码 2.34，可以发现后者更加简洁，使用%取余数运算符能够轻松完成任务 2.14。解决同一个问题，可以尝试不同的思路。

学习这些运算符之后，我们可以解决更加复杂的问题。下面来尝试完成任务 2.15：计算一个两位数的个位和十位数字之和。虽然这是一个非常简单的数学计算问题，但是现在需要由计算机来完成，我们应该如何设计程序呢？

任务 2.15：用户输入一个两位数，设计一个程序输出这个两位数的个位和十位数字之和，例如：用户输入 25，程序输出 7。

求解思路如图 2.2 所示：先用取整除运算符求得十位上的数字，再用取余数运算符求得个位上的数字，然后将两者相加求和。现在需要用代码将这个算法表达出来。

代码 2.35 是根据这个算法设计的样例程序，运行结果说明该程序可以完成任务 2.15。请读者继续使用测试数据来测试代码 2.35，观察它是否能正常工作。

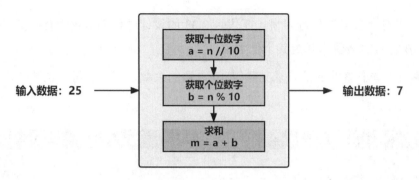

图 2.2　求两位数数字之和的思路图

代码 2.35

```
# 输入数据
print("请输入一个两位数:")
n = int(input())

# 处理数据
a = n // 10          # 十位上的数字
b = n % 10           # 个位上的数字
m = a + b

# 输出数据
print(f"两位数{n}的两个数字之和为: {m}")
```

代码运行结果如下:

```
>>>
请输入一个两位数:
25
两位数 25 的两个数字之和为: 7
```

本章小结

　　本章主要介绍了 Python 的变量、数据类型、常见运算符,以及数据的输入与输出。本章内容是学习编程的基础,变量是编程的核心概念,几乎所有程序都要用到变量。另外,数据类型、赋值、表达式也是编程的核心概念。请读者仔细练习本章的案例代码。

关键术语

- 变量
- 数据类型
- 赋值语句
- 运算符
- 表达式
- input()函数
- print()函数
- f-strings

课后习题

1．变量的命名规则是什么？

2．设计一个程序，输入数据为三角形的底和高，输出三角形的面积。

3．海伦公式可以根据三角形的三条边长计算出三角形的面积。设计一个程序，输入数据为三角形的三边长度，输出三角形的面积。

4．华氏度（Fahrenheit scale）是用来计量温度的单位，符号为℉。华氏度（℉）与摄氏度（℃）的关系为：℉ = 32 + ℃ × 1.8。请设计一个华氏度转换为摄氏度的程序。

5．一元二次方程的一般形式为：$ax^2 + bx + c = 0$。设计一个程序，输入数据为一元二次方程的三个系数 a、b、c，输出数据为方程的两个根。

第 3 章

条件语句

3.1 布尔表达式

3.1.1 回忆布尔类型

在 2.2.1 节基本数据类型中，我们提到过布尔类型，该类型的数据只有两个值：True 和 False。这个类型比较特殊，同时也是编程过程中极为重要的数据类型。我们首先通过代码 3.1 来了解布尔类型的特点。

代码 3.1

```python
a = True
b = 3 > 1
c = 9 < 1
d = 10 >= 10
e = False

print(f"a 的值={a}")
print(f"b 的值={b}")
print(f"c 的值={c}")
print(f"d 的值={d}")
print(f"e 的值={e}")
```

代码运行结果如下：

```
>>>
```

```
a 的值=True
b 的值=True
c 的值=False
d 的值=True
e 的值=False
```

从代码 3.1 的运行结果看，变量 a 和 e 的值容易理解，因为它们本身是布尔类型，而 b、c、d 三个变量的值都等于右边布尔表达式的值。表达式是可以被求值的代码，即表达式运算后可以得到一个值，而**布尔表达式**（Boolean expressions）是指：最后得到的值是布尔类型的表达式。布尔表达式中使用的运算符是关系运算符，关系运算符主要用于值的比较，最后返回布尔类型的值。

3.1.2　关系运算符

关系运算符用来进行值的比较，其返回值是布尔类型。更加确切地说，关系运算符也可以用于两个表达式的比较，因为表达式可以得到一个值。使用关系运算符的表达式被称为关系表达式，是布尔表达式的一种。表 3.1 中列出了 Python 的 6 个关系运算符及其含义。

表 3.1　关系运算符及其含义

#	关系运算符	含　义	案　例
1	<	小于	a < b
2	<=	小于或等于	a <= b
3	>	大于	a > b
4	>=	大于或等于	a >= b
5	==	等于	a == b
6	!=	不等于	a != b

前面四个关系运算符比较容易理解，与数学比较运算符类似。等于运算符是两个等号（==），而不是一个等号（=），因为一个等于号是赋值运算符，其含义是把右边表达式的值赋予左边的变量，而不是判断是否相等。判断两个值是否相等需要使用关系运算符==。关系运算符不等于（!=）由英文感叹号和一个等于号组成，表示判断两个值是否不相等。

请读者在 Shell 中尝试运行任务 3.1 中的语句，观察这些关系表达式的运行结果，分析运行结果与预期结果是否一致。

任务 3.1： 在 Shell 中尝试运行下列关系表达式，观察运行结果是否与预期一致：

2 > 1

1+2 >= 3

2 <= 2

100 < 99

1 == 2

2 == 2

1 != 2

代码运行结果如下：

```
>>> 2 > 1
True
>>> 1+2 >= 3
True
>>> 2 <= 2
True
>>> 100 < 99
False
>>> 1 == 2
False
>>> 2 == 2
True
>>> 1 != 2
True
```

3.1.3 逻辑运算符

布尔表达式中另外一类重要的运算符是逻辑运算符。逻辑运算符可以把多个布尔表达式连接在一起，组成更复杂的布尔表达式。Python 的逻辑运算符包括：and（与）、or（或）、not（非）。表 3.2 中列出了 3 个逻辑运算符及其运算规则。

表 3.2　逻辑运算符及其运算规则

#	逻辑表达式	运 算 规 则
1	x and y	如果 x 是 False，则返回 x；否则返回 y
2	x or y	如果 x 是 True，则返回 x；否则返回 y
3	not x	如果 x 是 True，则返回 False；否则返回 True

Python 的逻辑运算符使用短路求值原则：它只从左往右计算最少的表达式的值，以确定整个表达式的值。以 and 运算符为例，只有左右两边的表达式值都为 True 时，其返回值才是 True；如果左边的表达式值是 False，则无须计算右边表达式的值，直接返回 False。对于 or 运算符，只要左右两边有一个表达式的值是 True，其返回值就是 True；如果左边的表达式已经是 True，则无须计算右边的表达式的值，直接返回 True。

为了方便读者理解三个逻辑运算符，表 3.3～3.5 中分别列出了三个运算符的真值。

表 3.3 and 运算符真值表

X	Y	X and Y
True	True	True
True	False	False
False	True	False
False	False	False

表 3.4 or 运算符真值表

X	Y	X or Y
True	True	True
True	False	True
False	True	True
False	False	False

表 3.5 not 运算符真值表

X	not X
True	False
False	True

下面我们来利用逻辑运算符进行一些练习。首先来看代码 3.2，尝试将该程序的运行结果写在纸上，然后与代码的运行结果对比，检查是否一致。

代码 3.2

```python
a = 2 > 3 and 3 >= 3
b = 1 == 1 and 2 <= 1
c = 1 == 1 or 2 <= 1
d = 10 > 11 or False
e = not d

print(f"a 的值={a}")
print(f"b 的值={b}")
print(f"c 的值={c}")
```

```
print(f"d 的值={d}")
print(f"e 的值={e}")
```

代码运行结果如下：

```
>>>
a 的值=False
b 的值=False
c 的值=True
d 的值=False
e 的值=True
```

前面已经介绍过逻辑运算符和布尔表达式的使用方法。请读者尝试完成任务 3.2，掌握布尔表达式的应用。在实际编程过程中，我们有时会用到复杂的逻辑，但是代码应该力求简洁。化繁为简是编程的重要法则。

任务 **3.2**：在 Shell 中尝试下列关系表达式，观察其最终值是否与预期一致：

not(2 > 1)

1+2 >= 3 and 2 <= 2

100 < 99 or 1 == 2

not(2 == 2 and 1 != 2)

True and False or True

False or True and False

3.2 if-else 语句

3.2.1 求绝对值

到目前为止，我们学习的 Python 代码有一个共同点：属于顺序结构，即代码从上到下顺序执行，不会循环重复执行，也不会根据条件跳转执行。然而，现实中的程序通常需要根据实际情况设计执行过程。

任务 3.3 要求计算一个整数的绝对值并输出。绝对值是指一个数在数轴上的位置到原点的距离。负数的绝对值是其相反数，非负数的绝对值是其本身。要完成该任务，我们需要判断用户输入的是正数还是负数，然后根据条件进行计算并输出结果。代码 3.3 给出了解决任务 3.3 的参考代码，请读者尝试运行该代码，并进行测试。

任务 3.3：用户输入一个整数，设计一个程序输出这个数的绝对值。例如，用户输入 -10，程序输出其绝对值 10。

代码 3.3

```python
# 输入数据
print("请输入一个整数:")
n = int(input())

# 处理数据
# 设默认绝对值为 n
absolute_value = n

# 如果是负数，则求其相反数
if n < 0:
    absolute_value = n * -1

# 输出数据
print(f"{n}绝对值是{absolute_value}")
```

代码运行结果如下：

```
>>>
请输入一个整数:
-10
-10 绝对值是 10
```

尝试运行代码,可以发现这个程序能够实现求绝对值的功能。代码中使用了 **if 语句**,也称为 **条件语句**。条件语句会根据条件（布尔表达式）的值来确定是否需要执行该语句下的代码块。

从代码 3.3 可以看出,if 语句以关键字 if 开头,紧跟一个布尔表达式,以英文冒号（:）结尾。if 语句的下一行代码有缩进（四个空格）,缩进的代码表示：当 if 语句的布尔表达式为 True 时要执行的代码块。if 语句的代码执行流程如图 3.1 所示。

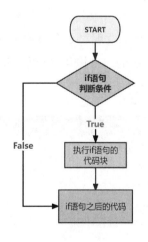

图 3.1 if 语句的代码执行流程

3.2.2　动物园门票

借助 if 语句，我们可以利用编程来解决更多问题。比如动物园需要开发一个门票费用计算程序，具体定价规则见任务 3.4。要完成该任务，我们需要用到 if 语句，因为门票价格要根据年龄情况来确定。

任务 3.4：动物园要设计一个门票费用计算程序，三岁及以下儿童免费，年满 60 岁的老年人免费，其他年龄段游客门票为 100 元。请设计一个程序，根据游客的年龄输出门票价格。

代码 3.4

```python
print("请输入年龄:")
age = int(input())

if age <= 3 or age >= 60:
    print("门票价格为 0 元。")
if age > 3 and age < 60:
    print("门票价格为 100 元。")
```

代码运行结果如下：

```
>>>
请输入年龄:
18
门票价格为 100 元。
```

代码 3.4 给出了一个参考程序，从代码运行结果来看，该程序似乎可以解决问题。然而，我们发现第二个 if 语句的条件恰好是与上一个 if 语句相反的情况，因此可以使用 if-else 语句来优化这个程序（见代码 3.5）。else 语句表示当 if 语句的条件不成立时需要执行的代码。

代码 3.5

```python
print("请输入年龄:")
age = int(input())

if age <= 3 or age >= 60:
    print("门票价格为 0 元。")
else:
    print("门票价格为 100 元。")
```

注意：与 if 语句相似，else 语句后面有英文冒号，其代码块需要缩进四个空格。代码 3.6 展示了 if-else 语句的基本语法结构。

```
# if-else 语句的基本语法
if <条件>:
    <语句 1>
    <语句 2>
    ...
else:
    <语句 N>
    <语句 N+1>
    ...
```

如图 3.2 所示为 if-else 语句的代码执行流程。当 if 语句中的条件为 True 时，执行 if 语句的代码块；当 if 语句中的条件为 False 时，执行 else 语句的代码块。

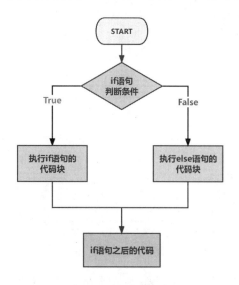

图 3.2　if-else 语句的代码执行流程

注意：在条件语句中，if 和 else 后面都有冒号，其代码块都需要缩进。

3.2.3　判断奇偶数

在数学课上，我们学习过奇数和偶数，可以对一个数是奇数还是偶数迅速地做出判断。如果需要设计一个程序来完成这个任务，如何用计算机语言来描述判断过程呢？

我们首先需要回顾奇数和偶数的定义：奇数是不能被 2 整除的整数，偶数是能被 2 整除的整数。整除的含义是，如果 a 除以 b，商为整数，余数为 0，则 a 可以被 b 整除。根据这些定义，程序设计思路如下：

- N 除以 2，余数为 0，N 为偶数；
- N 除以 2，余数为 1，N 为奇数。

一个整数只能是偶数或者奇数，因此我们只需要使用 if-else 结构判断 N 是否为偶数即可输出程序运行结果。

任务 3.5：用户输入一个整数，请设计一个程序判断这个数是奇数还是偶数。

代码 3.7

```python
# 输入数据
print("请输入一个整数:")
n = int(input())

# 处理数据
if n % 2 == 0:
    print(f"{n}是偶数! ")
else:
    print(f"{n}是奇数! ")
```

代码运行结果如下：

```
>>>
请输入一个整数:
3
3 是奇数!
```

运行代码 3.7，可以发现它能够很好地完成任务。判断奇偶数本质上是判断一个整数是否为 2 的倍数。继续扩展，设计一个程序来判断 a 是否为 b 的倍数，根据要求完成任务 3.6。

任务 3.6：请设计一个程序，读取用户输入的两个整数 a 和 b，并判断 a 是否为 b 的倍数，输入数据和输出结果的样例如下：

输入数据：

6 3

输出结果：

6 是 3 的倍数！

3.3 if-elif-else 语句

3.3.1 动物园门票进阶

在任务 3.4 中，我们利用 if 语句为动物园设计了一个根据游客年龄计算动物园门票价格的程序，实际上动物园的门票定价规则更为复杂。请读者根据任务 3.7 中的门票定价规则，为动物园设计门票费用计算程序。

任务 3.7： 动物园要设计一个门票费用计算程序，其定价规则如下：

三岁及以下的儿童及年满 60 岁的老年人免费；

三岁以上且未满 18 岁的未成年人，票价为常规票价的 5 折；

常规票价为 100 元。

根据定价规则，我们尝试设计了程序代码 3.8。请读者尝试运行该程序，分析其是否能够完成任务 3.7。

代码 3.8

```python
print("请输入年龄:")
age = int(input())

if age <= 3 or age >= 60:
    print("门票价格为 0 元。")
if age > 3 and age < 18:
    print("门票价格为 50 元。")
else:
    print("门票价格为 100 元。")
```

测试代码后，可以发现多数情况下，代码 3.8 都可以完成任务 3.7。但是，如果输入 3 或者 66 这类符合第一个条件的数字，程序会输出两个结果。例如：输入 66，就会出现如下运行结果，原因是 66 同时符合第一个 if 语句和第二个 if 语句的 else 情况。代码 3.8 中使用了两个 if 语句，而 else 语句只匹配与之对应的 if 语句（即第二个 if 语句）。

代码运行结果如下：

```
>>>
请输入年龄：
66
门票价格为 0 元。
门票价格为 100 元。
```

为了应对这种多个条件的情况，我们可以尝试在第一个条件不成立的情况下，在 else 代码块中进一步判断 age 的值，并计算门票价格。代码 3.9 体现了这个思路：

代码 3.9

```python
print("请输入年龄:")
age = int(input())

if age <= 3 or age >= 60:
    print("门票价格为 0 元。")
else:
    if age > 3 and age < 18:
        print("门票价格为 50 元。")
    else:
        print("门票价格为 100 元。")
```

代码运行结果如下：

```
>>>
请输入年龄：
66
门票价格为 0 元。
```

再次测试代码，可以发现原有的问题已经被解决，代码运行成功。代码 3.9 使用了 if 语句的嵌套，即在 if 语句中包含 if 语句。在 else 语句中嵌套 if 语句的方式也叫作尾部嵌套，因为这种情况非常常见，Python 提供了一种更为精简的结构：if-elif-else 结构。代码 3.10 描述了这种结构的基本语法。

代码 3.10

```python
# if-elif-else 语句的基本语法
if <条件>:
    <语句>
    ...
elif <条件>:
    <语句>
    ...
```

```
else:
    <语句>
    ...
```

相比 if-else 语句，这里多了一个 elif 语句，elif 是 else if 的缩写。该语句可以在上一个 if 或者 elif 条件为 False 时，进一步设置判断条件。一旦条件成立，则执行相应代码块，无须进一步对后续的 elif 语句进行判断。如果所有的 if 或者 elif 条件都不成立，则执行 else 语句。如图 3.3 所示为 if-elif-else 条件语句的执行流程。

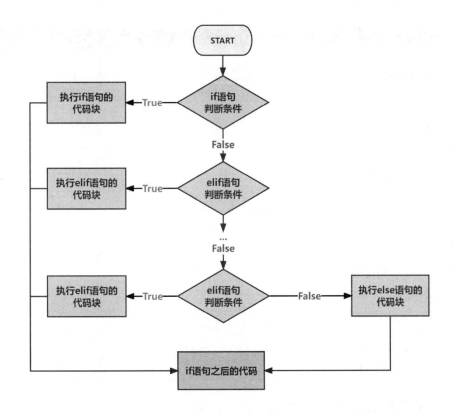

图 3.3　if-elif-else 条件语句的执行流程

代码 3.11 是利用 elif 优化后的代码。相比代码 3.9，这个程序可读性更强，也更加简洁。

代码 3.11

```
print("请输入年龄:")
age = int(input())


if age <= 3 or age >= 60:
```

```
    print("门票价格为 0 元。")
elif age > 3 and age < 18:
    print("门票价格为 50 元。")
else:
    print("门票价格为 100 元。")
```

代码 3.11 中使用了三次 print()函数，其内容相似，区别是输出内容不同。是否可以设置一个变量来表示门票价格，然后根据条件进行设置，最后统一输出？代码 3.12 给出了参考程序，请读者思考这样设计的好处。

代码 3.12

```
print("请输入年龄:")
age = int(input())

if age <= 3 or age >= 60:
    price = 0
elif age > 3 and age < 18:
    price = 50
else:
    price = 100

print(f"门票价格为{price}元。")
```

代码运行结果如下：

```
>>>
请输入年龄：
12
门票价格为 50 元。
```

3.3.2 数字比大小

条件语句常用于进行大小比较，例如比较两个数的大小。请根据任务 3.8 的要求设计一个程序。

任务 3.8： 请设计一个程序，比较两个整数的大小，按照如下方式输出。

如果 *a* 大于 *b*，则输出：*a* 大于 *b*；

如果 *a* 等于 *b*，则输出：*a* 等于 *b*；

如果 *a* 小于 *b*，则输出：*a* 小于 *b*。

代码 3.13

```
print("请输入两个整数, 每行一个:")
a = int(input())
b = int(input())

if a > b:
    print(f"{a}大于{b}。")
elif a == b:
    print(f"{a}等于{b}。")
else:
    print(f"{a}小于{b}。")
```

代码 3.13 可以轻松地完成任务 3.8。比较两个数的大小是比较容易实现的,我们只需要考虑三种情况,即可利用条件语句输出结果。请读者尝试完成任务 3.9。

任务 3.9: 用户输入三个整数,请设计一个程序,找出最大的一个数。

完成任务 3.9 的思路是: 首先将 a 分别与 b 和 c 进行比较,如果 a 最大,则 a 是最大数;如果 a 不是最大数,将 b 分别与 a 和 c 比较,如果 b 最大,则 b 是最大数;如果 b 不是最大数,则 c 是最大数。

代码 3.14 体现了上面的思路,结构清晰。请读者测试一些数据,检查该程序是否能够解决问题。如果尝试过每一种可能性,可以发现,这个程序在大多数情况下都能够正常运行,但是当输入 2、2、1 这三个数时,程序的输出结果是 1,请读者思考程序出错的原因。

代码 3.14

```
print("请输入 3 个整数, 每行一个:")
a = int(input())
b = int(input())
c = int(input())

if a > b and a > c:
    print(f"{a}、{b}、{c}中最大数为{a}。")
elif b > a and b > c:
    print(f"{a}、{b}、{c}中最大数为{b}。")
else:
    print(f"{a}、{b}、{c}中最大数为{c}。")
```

代码运行结果如下:

```
>>>
请输入 3 个整数，每行一个：
2
2
1
2、2、1 中最大数为 1。
```

当输入数据为 2、2、1 时，第一个条件 a > b and a > c 不成立，因为 a 和 b 相等。同理，第二个条件也不成立，所以程序直接执行 else 语句，最后输出 c 的值。

代码 3.14 没有考虑值相等的情况。当 a 和 b 相等，且大于 c 时，程序并不会输出 a 或 b 的值，因为代码 3.14 中的条件是 a>b 或者 b>a。要解决这个问题，应该如何修改代码？答案是只需要在条件语句中增加 a == b 的情况，修改后的代码见代码 3.15。

代码 3.15

```python
print("请输入 3 个整数，一行一个：")
a = int(input())
b = int(input())
c = int(input())

if a >= b and a > c:
    print(f"{a}、{b}、{c}中最大数为{a}。")
elif b > a and b > c:
    print(f"{a}、{b}、{c}中最大数为{b}。")
else:
    print(f"{a}、{b}、{c}中最大数为{c}。")
```

虽然代码 3.15 能够解决代码 3.14 的问题，但是我们可以尝试寻找一种更好的解决方案。比如：建立一个新的变量 MAX 保存最大值，然后将 MAX 与其他值进行比较，如果有大于 MAX 的值，则使 MAX 等于该值，方便我们找到最大值。

代码 3.16

```python
print("请输入 3 个整数，每行一个：")
a = int(input())
b = int(input())
c = int(input())

# 设置 MAX 的初始值为 a
MAX = a
if MAX < b:
    MAX = b
```

```
if MAX < c:
    MAX = c

print(f"{a}、{b}、{c}中最大数为{MAX}。")
```

代码运行结果如下：

```
>>>
请输入 3 个整数，一行一个：
2
2
1
2、2、1中最大数为2。
```

代码 3.16 体现了上述思路，使用了两个 if 语句解决求解最大值问题，代码更为简洁，也更容易理解。同时，借助这个思路，我们不需要考虑太多的边界情况，能够避免出现遗漏特殊值的情况。

通过前面的练习，我们已经掌握了比较数字大小的程序设计方法。下面继续提升难度，请读者尝试完成任务 3.10，将三个数按照从小到大的顺序输出。

任务 3.10：请设计一个程序，读取三个整数，然后将三个数按照从小到大的顺序输出。例如，输入的三个数为 3、2、1，程序将输出 1、2、3。

3.3.3　空气质量报告程序

随着社会的发展，环保的理念日渐普及，空气质量一直是人们关注的一个重要方面。PM2.5 的浓度是衡量空气质量的重要指标，PM2.5 是指直径为 2.5 微米或更小（≤PM2.5）的颗粒物，它可以通过肺屏障进入血液系统。对于这些颗粒物的长期暴露，可能会增加罹患心血管和呼吸道疾病的风险。

因此，我们需要对空气中的 PM2.5 进行监测，并根据其浓度对空气质量进行等级评估。空气质量等级与 PM2.5 浓度之间的大致关系如表 3.6 所示。请读者设计一个程序，根据 PM2.5 的浓度值来输出空气质量等级。

表 3.6　空气质量等级与 PM2.5 浓度的关系

空 气 质 量	PM2.5 日均浓度	活 动 建 议
优	0～35	各类人群可正常活动
良	36～75	极少数异常敏感人群应减少户外活动

续表

空 气 质 量	PM2.5 日均浓度	活 动 建 议
轻度污染	76～115	儿童、老年人及心脏病、呼吸系统疾病患者应减少长时间、高强度的户外锻炼
中度污染	116～150	儿童、老年人及心脏病、呼吸系统疾病患者应避免长时间、高强度的户外锻炼，一般人群应适量减少户外运动
重度污染	151～250	儿童、老年人和心脏病、肺病患者应停留在室内，停止户外运动，一般人群减少户外运动
严重污染	251～500	儿童、老年人和病人应停留在室内，避免体力消耗，一般人群应避免户外活动

根据表 3.6 的条件，代码 3.17 实现了一个简单的空气质量等级判断程序。请读者测试数据，观察程序是否可以正确输出空气质量等级。

该程序只使用了关系运算符<=，而浓度范围中有大于某个数值的要求，程序仍然可以正确执行的原因是只有在前面的 if 或者 elif 条件不成立时才会继续执行后面的 elif 语句。即当程序执行代码 elif pm <= 75:时，变量 pm25 肯定是大于 35 的一个数，所以无须重复判断变量的值是否大于 35。

代码 3.17

```python
print("请输入 PM2.5 的浓度值:")
pm25 = int(input())

# 判断空气质量等级
if pm25 <= 35:
    print("空气质量等级为：优")
elif pm25 <= 75:
    print("空气质量等级为：良")
elif pm25 <= 115:
    print("空气质量等级为：轻度污染")
elif pm25 <= 150:
    print("空气质量等级为：中度污染")
elif pm25 <= 250:
    print("空气质量等级为：重度污染")
else:
    print("空气质量等级为：严重污染")
```

代码运行结果如下：

```
>>>
请输入 PM2.5 的浓度值:
```

115
空气质量等级为：轻度污染

3.3.4　石头剪刀布游戏

现在需要设计一个会玩石头剪刀布的机器人程序，先来回顾石头剪刀布的游戏规则：

- 石头（Rock）赢剪刀（Scissors）；
- 剪刀（Scissors）赢布（Paper）；
- 布（Paper）赢石头（Rock）；
- 出招相同则为平局。

要实现这个程序，我们首先需要分解游戏过程。游戏的第一步是游戏双方"出招"，即人和计算机都做出选择，确定出招。第二步是判断游戏双方出招之间的相克关系，确定游戏结果并输出。

首先由玩家输入想要出的招数，由于完整的招数名称比较复杂，容易输入错误，因此我们可以用数字来代表不同的招数，比如：1 代表石头、2 代表剪刀、3 代表布，玩家只需要输入一个数字代表出招。

计算机（或机器人）可以使用随机出招的方式，即在 1、2、3 中间随机选择一个数字表示其招数。这时我们需要用到 Python 的 random 程序包，这个程序包可以提供生成随机数的工具（方法）。表 3.7 中列举了 random 程序包的常用方法及其含义。

表 3.7　random 程序包的常用方法及其含义

#	random 的常用方法	含　义
1	random.random()	随机返回[0, 1)范围内的一个实数
2	random.randint(a, b)	随机返回[a, b]范围内的一个整数
3	random.choice(sequence)	随机返回一系列值中间的一个

我们没有接触过表 3.7 中最后一个方法的 sequence 类型，这里暂时不做介绍，读者可以自行了解并尝试运用。从相关介绍来看，第二个方法符合游戏要求。我们只需在代码中引入 random 程序包，然后调用函数随机生成一个 1～3 之间的数。

```
>>> import random
>>> random.randint(1,3)
3
```

完成出招后，我们可以使用判断语句来判断各种情况，输出判断结果。代码 3.18

提供了样例程序，请读者测试运行，检查这段代码是否完善。

代码 3.18

```python
# 导入 random 包
import random

# 显示出招
print("=====石头剪刀布游戏=====")
print("1 - 石头（Rock）")
print("2 - 剪刀（Scissors）")
print("3 - 布（Paper）")

# 玩家出招
print("请你出招：")
p1 = int(input())

# 电脑出招
p2 = random.randint(1, 3)

# 判断胜负
# 玩家出石头的情况
if p1 == 1:
    if p2 == 2:
        print(f"你出石头，电脑出剪刀，你赢了！")
    elif p2 == 3:
        print(f"你出石头，电脑出布，你输了！")
    else:
        print(f"你和电脑都出石头，平局！")
# 玩家出剪刀的情况
elif p1 == 2:
    if p2 == 1:
        print(f"你出剪刀，电脑出石头，你输了！")
    elif p2 == 3:
        print(f"你出剪刀，电脑出布，你赢了！")
    else:
        print(f"你和电脑都出石头，平局！")
# 玩家出剪刀的情况
else:
    if p2 == 1:
        print(f"你出布，电脑出石头，你赢了！")
    elif p2 == 2:
```

```
    print(f"你出布，电脑出剪刀，你输了！")
else:
    print(f"你和电脑都出布，平局！")
```

代码运行结果如下：

```
>>>
=====石头剪刀布游戏=====
1 - 石头（Rock）
2 - 剪刀（Scissors）
3 - 布（Paper）
请你出招：
3
你出布，电脑出剪刀，你输了！
```

我们根据代码 3.18 大致完成了石头剪刀布游戏的程序设计，可以实现最基本的人机对战功能。但是这个程序过于冗长，请读者从条件语句的角度尝试精简，研究出一个更好的解决方案。

本章小结

本章主要介绍了 Python 的布尔表达式和条件语句。布尔表达式是返回值为布尔类型的表达式，可以使用关系运算符和逻辑运算符。条件语句也叫作 if 语句，包括 if-else 结构和 if-elif-else 结构。我们可以利用条件语句使程序根据条件来执行代码，条件的本质是布尔表达式。

关键术语

- 布尔表达式
- 关系运算符
- 逻辑运算符
- if 语句
- else 语句
- elif 语句

课后习题

1. 如何判断两个表达式的值是否相等？

2. 设计一个程序，读取三个整数 a、b、c 表示三角形的三条边长，判断其是否可以构成三角形，并输出结论。

3. 设计一个判断闰年的程序。

4. 一元二次方程的一般形式为：$ax^2+bx+c=0$。设计一个程序，输入数据为一元二次方程的三个系数 a、b、c，输出数据为方程的根。如果方程在实数范围内无解，则输出：无解。

5. 身体质量指数简称 BMI，计算方法为：BMI=体重(kg)/身高 (m)^2。BMI 指数可以用来分析肥胖情况，具体规则如下：

- 偏瘦：BMI <= 18.4
- 正常：18.5 <= BMI <= 23.9
- 过重：24.0 <= BMI <= 27.9
- 肥胖：BMI >= 28.0

请设计一个程序，输入数据为用户的体重和身高，输出 BMI 及对应等级。

第 4 章

循环语句

4.1 while 循环

4.1.1 while 循环基础

在实际工作中，我们经常需要重复做一些事情。例如：编写一个程序，输出"床前明月光"5 次，代码 4.1 可以解决这个问题。但是，如果要输出这段文字 100 次，以这种方式编写代码会比较烦琐，因为需要调用 100 次 print()函数才能完成这个任务。

代码 4.1

```python
print("床前明月光")
print("床前明月光")
print("床前明月光")
print("床前明月光")
print("床前明月光")
```

在程序设计中，使用循环语句可以解决这个问题。Python 有两种循环语句：while 循环和 for 循环。我们先来使用 while 循环实现 100 次输出的程序（参考代码 4.2）。虽然这段代码只有 4 行，但是程序创建了值为 1 的变量 i，当 i 小于等于 100 时，会循环执行后面两行代码，因为每执行一次变量 i 都会增加 1，所以 print()函数会被执行 100次，直到变量 i 大于 100。

代码 4.2

```python
i = 1
```

```
while i <= 100:
    print("床前明月光")
    i = i + 1
```

代码运行结果如下：

```
>>>
床前明月光
床前明月光
床前明月光
...
```

while 循环和 if 语句有相似之处：结构中都包括条件判断，都通过冒号和缩进来确定条件为 True 时要执行的代码块。两者的不同之处是：if 语句只执行 1 次；而 **while 循环**的代码块执行完成后会回到条件判断部分，如果条件为 True，则重复执行代码块。如图 4.1 所示为 while 循环的执行流程。

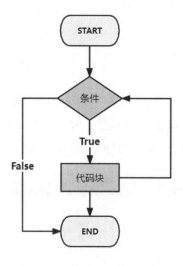

图 4.1 while 循环的执行流程

4.1.2 while 循环进阶

了解 while 循环的基本结构和用法后，现在可以考虑进一步优化代码 4.2。虽然代码 4.2 可以完成输出"床前明月光"100 次这个任务，但是检验输出次数是否满足任务要求比较困难。我们可以为每一行输出标记次数，从而方便检验输出是否正确。请读者尝试在代码 4.2 的基础上继续优化，完成任务 4.1。

任务 4.1：请设计一个程序，输出"疑是地上霜"100 次，并在每一行后面标注这是第几次，输出样例如下：

…

疑是地上霜　第 86 次

疑是地上霜　第 87 次

疑是地上霜　第 88 次

…

要完成任务 4.1，我们需要思考程序中使用变量追踪输出的次数。在代码 4.2 中，变量 i 正好对应输出的次数，而且记录了循环执行的次数。因此，我们只要在输出信息中添加 i 的值即可完成任务 4.1，参考代码 4.3。

代码 4.3

```
i = 1
while i <= 100:
    print(f"疑是地上霜　第 {i} 次")
    i = i + 1
```

代码运行结果如下：

```
>>>
疑是地上霜　第 1 次
疑是地上霜　第 2 次
疑是地上霜　第 3 次
...
疑是地上霜　第 100 次
```

 思考：如果删除最后一行代码 i＝i＋1，程序运行结果会发生什么变化？

虽然代码 4.3 能够完成任务 4.1，但是仍然有一定的局限性，比如它只能进行 100 次输出，而很多时候我们希望能够自定义输出次数。请读者在代码 4.3 的基础上继续优化，使程序能够根据用户的输入来确定输出次数。参考程序见代码 4.4。

任务 4.2：请设计一个程序，读取用户输入的一个整数 n，然后输出"疑是地上霜"n 次，并在每一行后面标注这是第几次。

代码 4.4

```python
# 输入数据
print("请输入一个整数:")
n = int(input())

# 循环输出
i = 1
while i <= n:
    print(f"疑是地上霜 第 {i} 次")
    i = i + 1
```

代码运行结果如下：

```
>>>
请输入一个整数:
6
疑是地上霜 第 1 次
疑是地上霜 第 2 次
疑是地上霜 第 3 次
疑是地上霜 第 4 次
疑是地上霜 第 5 次
疑是地上霜 第 6 次
```

4.1.3　棋盘的麦粒

循环能够使程序设计的方法更加丰富。下面我们先来利用 while 循环探索一个古老的问题。相传古印度宰相达依尔是国际象棋的发明者，国王因为他做出的贡献要奖励他，便问他想要得到什么奖励，达依尔要求在国际象棋的棋盘上按照如下规律摆上麦子并将这些麦子奖励给他。

- 第 1 格：1 粒麦子
- 第 2 格：2 粒麦子
- 第 3 格：4 粒麦子
- …
- 第 n 格：2^{n-1} 粒麦子

任务 4.3： 国际象棋的棋盘共有 64 格，1 公斤麦子大概 5000 粒左右，请设计一个程序计算国王大概需要奖励宰相达依尔多少吨麦子。

要完成这个任务，我们首先要思考程序中应该设置哪些变量。这里我们需要一个变量来记录棋盘上一共有多少麦粒，同时还需要有一个变量来计算每一个格子上的麦粒数量。然后利用循环求出摆满棋盘所需的麦粒数量，并计算出这些麦粒的重量。

代码 4.5

```
n = 64
i = 1
total  = 0
cell = 1
while i <= n:
    total = total + cell      # 在第 i 格摆上麦子
    cell = cell * 2           # 下一格的麦子数量
    i = i + 1

# 将麦子数量转化为重量（单位为吨）
total = total / 5000 / 1000
print(f"国王需要奖励给宰相达依尔{total}吨麦子! ")
```

代码运行结果如下：

```
>>>
国王需要奖励给宰相达依尔 3689348814741.9106 吨麦子!
```

这是一个天文数字，甚至超出了 2019 年的全球小麦产量！这同时说明一旦发生指数型增长，一个很小的数字也能变得极大。代码 4.5 使用变量 total 来记录麦子的总数，使用变量 cell 来计算和记录第 i 格棋盘上需要摆放多少麦粒。

任务 4.4： 根据网络数据显示，我国 2021 年小麦产量为 131,696,392 吨，请修改代码 4.4，计算出 2021 年我国生产的小麦可以摆满国际象棋棋盘的多少格。

代码 4.6

```
# 估算我国 2021 年的小麦总粒数
N = 131696392 * 1000 * 5000

# 利用循环对比数量
n = 64
i = 1
total  = 0
cell = 1
while i <= n:
    # 在第 i 格摆上麦粒
```

```
    total = total + cell

    # 判断是否超过我国 2021 年小麦总产量
    if total > N:
        break  # 终止循环

    # 下一格的麦粒数量
    cell = cell * 2
    i = i + 1

# 输出结果
print(f"我国 2021 年的小麦总产量大约为{N}粒！")
print(f"可以摆满棋盘上{i-1}格！")
```

代码 4.6 中，当需要的麦粒总数超过我国小麦总产量时，则使用 break 语句跳出（终止）循环。语句 break 的作用是在循环没有结束时，提前终止循环。

4.1.4 冰雹猜想

数学中有许多高深的猜想，同时也存在一些仅需要简单的数学知识即可验证的猜想，冰雹猜想就是其中之一。冰雹猜想的描述非常简单：任何一个正整数 n，根据以下两条规则计算，最终都会得到数字 1：

- 如果 n 是奇数，则下一步 n 变为 $n \times 3 + 1$；
- 如果 n 是偶数，则下一步 n 变为 $n \div 2$。

因为这个猜想的描述极为简单，除了数学家，普通大众都开始来研究其规律。验证这个猜想需要大量的计算，而计算的过程似乎是一种循环状态。请读者尝试使用 while 循环来设计一个程序，来验证冰雹猜想。

任务 4.5： 请设计一个程序，读取一个正整数，然后根据冰雹猜想的规则，输出每次转换的结果以及转换的总次数，并验证这个数字最终是否会变成 1。

为了完成这个任务，我们需要在循环中利用 if 语句来判断 n 的奇偶性，然后应用对应的规则，直到 n 等于 1。

代码 4.7

```
# 输入数据
print("请输入一个正整数：")
```

```
n = int(input())

# 实施冰雹猜想规则
i = 1
while n != 1:
    if n % 2 == 1:
        n = n * 3 + 1
    else:
        n = n // 2
    print(f"第{i}次转换后, n={n}")
    i = i + 1
```

代码运行结果如下：

```
>>>
请输入一个正整数：
3
第 1 次转换后, n=10
第 2 次转换后, n=5
第 3 次转换后, n=16
第 4 次转换后, n=8
第 5 次转换后, n=4
第 6 次转换后, n=2
第 7 次转换后, n=1
```

尝试：输入 27，查看输出结果。思考是否还有更好的输出方式？

4.2 for 循环

4.2.1 for 循环基础

Python 中的另一种循环语句是 **for 循环**，用于遍历 sequence（序列数据类型），所以又被称为"遍历循环"。Python 中常见的 sequence 包括：list、tuple、dictionary、set 和 str。第 5 章将展开介绍这些数据类型，这里先来看一个案例，代码 4.8 实现了对 names list 的遍历输出：

代码 4.8

```
names = ["Emily", "Jim", "Sophia"]
```

```
for x in names:
    print(x)
```

代码运行结果如下：

```
>>>
Emily
Jim
Sophia
```

从代码 4.8 的执行结果可以发现，print()执行了 3 次，每次输出的变量 x 等于列表 names 中的一个元素，当列表中的元素依次输出完毕之后，循环结束。图 4.2 所示为 for 循环执行流程。

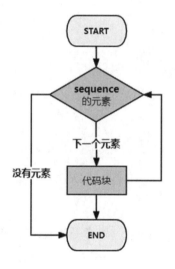

图 4.2　for 循环执行流程

4.2.2　range()函数

根据 for 循环结构，其执行次数是可以预测的，即 sequence 中的元素个数。为了方便进行固定次数的循环并生成数字 sequence，Python 内置了一个 range()函数来配合 for 循环的使用。range()函数可以生成一个整数等差数列，其语法如下：

```
range(start, stop, step)
```

range()函数包含三个参数：start、stop 和 step。

- start 表示生成的数列从哪个数开始，默认值为 0；
- stop 表示生成的数列至哪个数结束，且这个数不包含在内；

- step 表示生成的数列公差，默认值为 1。

三个参数中，stop 参数是必需项，因为其没有默认值。代码 4.9 使用 for 循环遍历输出了 range(5)生成的数列。当只有一个参数时，这个参数就是 stop 的值，可以看到程序的运行结果是一个数列 0~4，不包含数字 5。

代码 4.9

```
for x in range(5):
    print(x)
```

代码运行结果如下：

```
>>>
0
1
2
3
4
```

代码 4.10 有两个参数，第一个参数是 start，第二个参数是 stop。这时的运行结果是从 1 开始的数列，不包括数字 5。

代码 4.10

```
for x in range(1, 5):
    print(x)
```

代码运行结果如下：

```
>>>
1
2
3
4
```

代码 4.11 有三个参数，设置 step 参数后，生成的数列公差是 2。

代码 4.11

```
for x in range(1, 5, 2):
    print(x)
```

代码运行结果如下：

```
>>>
1
3
```

尝试：设置 step 为负数；设置 start 大于 stop。

4.2.3 数列求和

高斯被认为是历史上重要的数学家之一，并享有"数学王子"之称。据说，高斯 10 岁时，老师给出一道题目是计算 1 到 100 所有整数加起来的和，高斯很快就计算出了正确答案。利用等差数列求和公式可以快速求解这种数列求和问题。然而，对于计算机来说，不需要任何公式，直接相加即可（参考代码 4.12），这时使用 for 循环就是最适合的方法。

代码 4.12

```
n = 100
s = 0
for x in range(1, n+1):
    s = s + x
print(s)
```

代码运行结果如下：

```
>>>
5050
```

运行代码 4.12，我们可以很轻松地得到 5050 这个结果。请思考为什么 range 函数的第二个参数是 n+1 而不是 n？

如果继续增加难度：计算 1～100 之间所有奇数的和，应该如何修改程序？请读者先手动计算，然后尝试运行代码 4.13，对比结果是否一致。如果是计算 1～100 之间所有偶数的和，应该如何修改程序？

代码 4.13

```
n = 100
s = 0
for x in range(1, n+1, 2):
    s = s + x
print(f"1 到{n}之间所有奇数之和为{s}")
```

代码运行结果如下：

```
>>>
1 到 100 之间所有奇数之和为 2500
```

代码 4.13 虽然解决了相关问题，但是如果执行更复杂的任务，简单地修改 range() 函数的参数可能并不适用。比如，要计算 1 到 n 之间所有 3 的倍数或者 7 的倍数的和，则无法通过设置 range() 函数的参数实现。

任务 4.7： 请设计一个程序，用户输入一个正整数 n，计算 1 到 n（n 包括在内）之间所有 3 的倍数或 7 的倍数的总和。

为了完成这个任务，我们需要在循环中利用 if 语句来判断这个数是否符合条件，然后再决定是否将其加入总和。请读者思考：如何判断倍数关系？

代码 4.14

```python
print("请输入一个正整数 n: ")
n = int(input())
s = 0
for x in range(1, n+1):
    if x % 3 == 0 or x % 7 == 0:
        s = s + x
print(s)
```

代码运行结果如下：

```
>>>
请输入一个正整数 n:
100
2208
```

💡 **尝试**：手动计算相关结果并与程序运行结果进行比较。

4.2.4　计算圆周率 π

圆周率 π 是圆的周长与直径的比值，是一个简单的数学概念。历史上有许多数学家都对其进行了深入的研究，尤其是圆周率 π 的计算方法。公元 263 年，中国数学家刘徽使用"割圆术"计算圆周率，他先从圆内接正六边形，逐次分割一直算到圆内接正 192 边形，计算出圆周率 π 约等于 3.14。南北朝时期的数学家祖冲之将圆周率的精度进一步提升，得到 3.1415926 < 圆周率 π < 3.1415927 的结论。到了近现代，圆周率的计算方法不断改进，辅以计算机加持，圆周率小数点后的位数被不断刷新。

尝试：请上网查阅圆周率 π 的计算方法。

在众多的计算方法中，数学家莱布尼茨推导出的公式如下：

$$\frac{\pi}{4} = 1 - \frac{1}{3} + \frac{1}{5} - \frac{1}{7} + \frac{1}{9} - \frac{1}{11} + \frac{1}{13}\cdots$$

这是一个无穷级数，等号右边的项数越多，计算结果也会越精确。请读者尝试设计一个程序来实现莱布尼茨的圆周率计算方法，并计算出圆周率。

任务 4.8：请设计一个程序，利用莱布尼茨的公式计算圆周率，用户输入一个正整数 n，表示计算到第 n 项。

从莱布尼茨公式的规律来看，每一项的分子为 1，分母是一个奇数，同时数字前面的符号有正负变化：奇数项为正，偶数项为负。根据这个思路，样例程序如下：

代码 4.15

```
# 输入数据
print("请输入一个正整数 n: ")
n = int(input())

# 计算圆周率
pi = 0
for x in range(1, n+1):
    if x % 2 == 0:
        pi = pi - 1 / (2*x - 1)
    else:
        pi = pi + 1 / (2*x - 1)
pi = pi * 4
print(f"利用莱布尼茨级数计算{n}项，圆周率约为{pi}")
```

代码运行结果如下：

```
>>>
请输入一个正整数 n:
1000
利用莱布尼茨级数计算 1000 项，圆周率约为 3.140592653839794
```

从代码 4.15 的运行结果看，利用莱布尼茨级数计算 1000 项，圆周率小数点后两位已经是正确数字，但是从第三位开始出现差异。如果我们不断提高项数，例如：10000 项，100000 项……程序计算出来的圆周率会越来越精确吗？请尝试输入不同的项数，分析圆周率精度的变化。

任务 4.9：请利用代码 4.15，输入不同的项数来计算圆周率近似值，并探究项数与计算出来的圆周率之间的关系。

4.2.5 蒙特卡洛方法

蒙特卡洛方法（Monte Carlo Method）是一种利用计算机通过随机采样模拟解决问题的方法。我们可以利用蒙特卡洛方法计算圆周率。如图 4.3 所示，正方形的内切圆的半径 r 为 1，面积为 π，正方形的边长为 2，面积为 4，两者面积之比为：

$$\frac{圆的面积}{正方形面积} = \frac{\pi}{4}$$

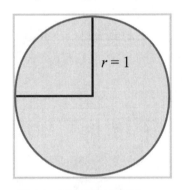

图 4.3 正方形与内切圆

如果在正方形里面随机画点，那么根据概率论原理，落在圆中的点数目与正方形中的点数目的比值应该等于两者面积之比。因此，我们只要利用随机函数与循环，模拟这个过程即可求出圆周率 π，参考代码 4.16。

如何生成随机数？我们在 3.3.4 节中使用过 Python 的 random 程序包，其中的 random.random() 方法能够产生 $(0, 1)$ 之间的随机数。这里可以利用随机数生成每个随机点的坐标 (x, y)，假设圆心为 $(0, 0)$，我们只要计算出随机点到圆心的距离，即可判断其是否落在圆内，如图 4.4 所示。

点到圆心的距离应该如何计算？根据勾股定理，我们可以计算出点到圆心的距离。

$$d = \sqrt{x^2 + y^2}$$

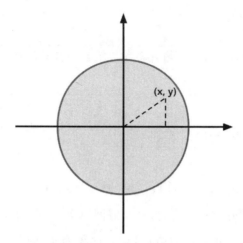

图 4.4　随机点与圆心的关系

代码 4.16

```python
import random
import math

# 输入数据
print("请输入随机点数量：")
n = int(input())

# 蒙特卡洛模拟
m = 0 # 设置初始点数
for i in range(n):
    x = random.random()
    y = random.random()
    d = math.sqrt(x**2 + y**2)

    # 如果落在圆内
    if d <= 1:
        m += 1

# 计算圆周率估算值
pi = 4 * (m / n)
print(f"模拟{n}次后，圆周率估算值={pi}")
```

代码运行结果如下：

```
>>>
请输入随机点数量：
100000
```

模拟 100000 次后，圆周率估算值=3.14116

输入 100000，表示随机生成 100000 个点，通过模拟估算出圆周率约为 3.14116。但是，如果重新运行代码 4.16，可能会得到一个不同的结果。这是由于蒙特卡洛模拟是通过随机过程来估算圆周率，因此在点数相同的情况下，每次的估算值可能不同。如果进行多次估算，并求平均值，即可得到一个相对稳定的估算值。

代码运行结果如下：
```
>>>
请输入随机点数量：
100000
模拟 100000 次后，圆周率估算值=3.13708
```

👁 尝试：对比两种方法计算圆周率的精度与速度。

4.2.6　质数判断

质数（Prime Number），又被称为素数，是指只有 1 和它本身两个因数的自然数（不包括 1），即质数只能被 1 和它自身整除，2、3、5、7 等自然数都是质数。质数在数学中有重要的地位，许多重要的猜想都与质数有关，例如哥德巴赫猜想。目前，数学家还没有完全掌握质数的规律。

如果使用穷举试错的方法判断一个数是不是质数，工作量会非常大，交给计算机来完成则会相对容易。如果要设计一个程序来判断一个数是不是质数，应该怎样实现？

任务 4.9：请设计程序，用户输入一个正整数，程序判断这个数是否为质数，并输出判定结果。

判断质数的思路有很多，最简单的就是计算因数个数。因为质数的最大特点是只有两个因数，所以只要计算因数个数即可判断一个数是否为质数。利用循环，为 1 到 n 所有数计算因数个数并记录。

代码 4.17
```
# 输入数据
print("请输入一个正整数：")
n = int(input())
```

```
# 计算因数个数
k = 0
for i in range(1, n+1):
    # 如果是因数,k+1
    if n % i == 0:
        k += 1

# 根据因数个数判断是否为质数
if k == 2:
    print(f"{n}是质数。")
else:
    print(f"{n}不是质数。")
```

代码运行结果如下:

```
>>>
请输入一个正整数:
97
97 是质数。
```

代码 4.17 按照我们的思路实现了质数的判断,请读者尝试多次运行代码,验证其可靠性。当测试较大的数时,程序的运行速度较慢。例如,用代码 4.17 判断 73939133 是否为质数,观察程序的运行时间。请读者查阅资料,尝试优化该程序,使它可以更快地完成任务。

💡 尝试:利用程序判断 73939133 是否为质数,然后思考如何优化程序。

4.3 循环嵌套

4.3.1 字符三角形

在解决某些问题时,仅仅使用一次循环语句无法实现,有时需要多重循环,或者说"循环嵌套"。例如,想要输出如下所示由字符组成的三角形,三角形的行数和每行字符数量由用户输入,需要使用多重循环。

```
X
X X
X X X
X X X X
```

```
X X X X X
```

一个循环负责控制行数，另一个循环则负责输出每行包含的字符。代码 4.18 为样例程序，请读者尝试运行该程序，查看其运行效果。

代码 4.18

```python
# 输入数据
print("请输入行数 n: ")
n = int(input())
print("请输一个字符: ")
c = input()

# 按照要求输出字符
for i in range(1, n+1):
    for j in range(i):
        print(c, end=' ')
    print()
```

代码运行结果如下：

```
>>>
请输入行数 n:
3
请输一个字符:
X
X
X X
X X X
```

请观察下面的图形，同样是直角三角形，但是其方向不同。如何在代码 4.18 的基础上进行优化，输出下面的图形？如何才能准确输出每行前面的空格？参考代码 4.19。

```
        *
      * *
    * * *
  * * * *
* * * * *
```

代码 4.19

```python
# 输入数据
print("请输入行数 n: ")
n = int(input())
print("请输一个字符: ")
```

```
c = input()

# 按照要求输出
for i in range(1, n+1):
    for k in range(n-i):
        print(" ",end="")
    for j in range(i):
        print(c, end=' ')
    print()
```

代码 4.19 给出了参考程序，在一个 for 循环中，嵌入两个 for 循环，完成相关的输出要求。前面的章节曾提到 str 类型可以与整数相乘，实现复制，这里我们也可以利用这一特性来简化程序。请读者尝试只使用一重循环实现字符三角形的输出。

💡 尝试：利用 str 的乘法运算简化输出字符三角形的代码。

4.3.2 求 100 以内的质数

在 4.2.6 节中，我们利用循环设计了质数判断程序，但是该程序只能判定一个数是否为质数。请读者思考，如果要输出 100 以内的所有质数，如何在代码 4.17 基础上进行优化。

任务 **4.10**：请设计一个程序，输出 100 以内的所有质数。

为了完成任务 4.10，我们需要做的是判断 1 到 100 之间的所有数是否为质数。可以通过在代码 4.17 的基础上添加循环语句，对每个数进行判断来实现，参考代码 4.20。

代码 4.20

```
m = 100
for n in range(1, m+1):
    k = 0
    for i in range(1, n+1):
        if n % i == 0:
            k += 1
    if k == 2:
        print(f"{n}是质数")
```

代码运行结果如下：

```
>>>
2 是质数
3 是质数
5 是质数
7 是质数
...
```

添加循环语句后，执行代码 4.20 即可完成任务 4.10。但是这个程序缺乏灵活性，我们希望 m 的值由用户输入，而不是一个固定值。继续尝试优化程序，参考代码 4.21。

任务 4.10：请设计一个程序，读取一个整数，输出小于等于该数的所有质数。

代码 4.21

```
# 输入数据
print("请输入一个正整数：")
m = int(input())

# 逐个判断是否为质数
for n in range(1, m+1):
    k = 0
    for i in range(1, n+1):
        if n % i == 0:
            k += 1
    if k == 2:
        print(f"{n}是质数")
```

在代码 4.20 的基础上进行优化，只需要把 m 作为输入值即可。尝试运行该程序时可以发现：如果 m 的值不是 100 而是 10000，程序的执行时间会比较长。如果 m 的值是 1000000，程序需要运行几分钟才能结束。原因是多重循环导致代码要重复执行，计算量巨大，因此运行时间较长。请读者查阅资料，并优化代码，提升程序的执行效率。

🔆 **尝试**：设置 m 为 1000000，并运行程序，思考如何优化计算速度。

本章小结

本章主要介绍了 Python 的循环语句，主要包括 while 循环和 for 循环。循环语句可以重复执行代码，为我们用编程解决问题提供了更多的可能性。如果循环次数比较确定，for 循环是最合理的选择。在循环次数不确定的情况下，则可以选择使用 while 循环。同时，循环可以嵌套使用，但是嵌套循环可能会导致程序运行时间较长，在循环次数较多的情况下，应该思考如何提升效率。

关键术语

- while 循环
- for 循环
- range()函数
- 蒙特卡洛方法
- 循环嵌套

课后习题

1. 水仙花数是一个三位数 abc，各位数字立方和 $a^3 + b^3 + c^3$ 等于自身的数。如 153 是一个水仙花数，因为 $1^3 + 5^3 + 3^3 = 153$。请设计一个程序输出 100 到 999 之间所有的水仙花数。

2. 输入两个正整数 a 和 b，设计一个程序计算它们的最大公约数。

3. 输入两个正整数 a 和 b，设计一个程序计算它们的最小公倍数。

4. 若某个自然数的所有小于自身的因数之和恰好等于其自身，则该自然数称为一个完全数。求 n 以内所有完全数，并输出其因数相加式。例如：6 是一个完全数，6=1+2+3。目前至少发现 29 个完全数。

5. 设计一个程序，找出 1～n 中能被 7 整除或包含数字 7 的数的个数，如 14、31275 等。

第5章

数据类型进阶

5.1 list 列表

5.1.1 list 简介

Python 的 list 类型也叫作列表，是 Python 中极其重要的数据类型。顾名思义，列表可以按照序列来存储数据。代码 5.1 中展示了列表类型的一些样例。**列表**（list）首先通过方括号[]来定义，然后在其中填写**元素**（elements），元素之间使用英文逗号（,）分隔。

代码 5.1 中，变量 list1 是一个空列表，即元素个数为 0 的列表。从 list2 到 list5，我们定义了不同的列表，可以发现，列表的元素可以是一个类型（list2 和 list3），也可以是混合的类型（list4），还可以是列表（list5）。

代码 5.1
```python
# 列表 list 类型样例
list1 = []
print(f'list1 的类型是:{type(list1)}')

list2 = [1, 2, 3, 4, 5]
print(f'list2 的类型是:{type(list2)}')

list3 = ['a', 'b', 'c']
list4 = [1, 2, 'a', 'b', 99]
list5 = [1, [2, 3], [4], 'XXX']
```

代码运行结果如下：

```
>>>
list1 的类型是:<class 'list'>
list2 的类型是:<class 'list'>
```

Python 的列表类型主要包含三个核心属性：元素、元素索引值（元素位置）、长度（元素个数）。以代码 5.1 中的 list3 为例，其中包含三个元素，所以长度为 3。每个元素都是字符串，第一个元素 a 的索引值为 0，最后一个元素 c 的索引值为 2。如图 5.1 所示为列表 L 的元素与索引值的关系。

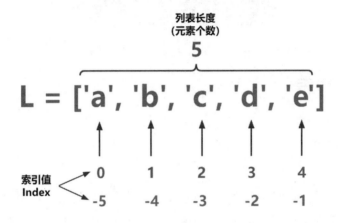

图 5.1　列表元素与索引值关系图

列表的索引值用于获取列表中元素的值。Python 提供了正向和反向索引，正向索引从左向右，从 0 开始；反向索引从右向左，从-1 开始。Python 内置的 len()函数可以获取列表的长度，参考代码 5.2。

代码 5.2
```python
# 列表索引值使用案例
L = ['a', 'b', 'c', 'd', 'e']

# 第一个元素
print(L[0])
# 第二个元素
print(L[1])
# 最后一个元素
print(L[-1])
# 输出列表长度
print(len(L))
```

代码运行结果如下：

```
>>>
a
b
e
5
```

5.1.2　list 操作

对列表进行的常见操作之一是修改列表元素的值，这个操作非常简单，只需要根据元素索引值为其赋值即可，参考代码 5.3。

代码 5.3
```
# 修改列表元素的值
L1 = ['Tom', 'Jim', 'Mike']
L1[0] = 'Lily'
print(L1)


L1[1] = L1[2]
print(L1)


L2 = [1, 2, 3, 4, 5]
L2[2] = 99
print(L2)


L2[-1] = L2[0]
print(L2)
```

代码运行结果如下：

```
>>>
['Lily', 'Jim', 'Mike']
['Lily', 'Mike', 'Mike']
[1, 2, 99, 4, 5]
[1, 2, 99, 4, 1]
```

除修改列表元素的值外，我们还可以为列表增加元素，代码 5.4 展示了列表增加元素的常见方法。

代码 5.4

```python
# 列表增加元素案例
my_list = [10, 20, 30, 40, 50]
print(my_list)

# 列表中加入 100
my_list.append(100)
print(my_list)

# 列表与列表连接
L = [1, 2, 3]
my_list = my_list + L
print(my_list)

# 列表复制
L = [1, 2, 3] * 2
print(L)
```

代码运行结果如下：

```
>>>
[10, 20, 30, 40, 50]
[10, 20, 30, 40, 50, 100]
[10, 20, 30, 40, 50, 100, 1, 2, 3]
[1, 2, 3, 1, 2, 3]
```

通过代码 5.4 可以发现，列表可以通过执行加法进行合并，也可以通过与整数相乘进行复制。

除增加元素外，我们还可以对列表进行截取（切片），返回一个全新子列表。列表切片的方式非常简单，只需要使用切片运算符（:）即可。代码 5.5 展示了切片运算符的使用案例。

代码 5.5

```python
# 列表切片运算案例
my_list = [10, 20, 30, 40, 50]
print(my_list)

# 切片从索引值 1 开始，到索引值 3 结束
# 索引值为 3 的元素不包含在内
a = my_list[1:3]
print(a)
```

```
# 切片从列表头开始，到索引值 3 结束
# 索引值为 3 的元素不包含在内
b = my_list[:3]
print(b)

# 切片从索引值 2 开始，直到列表最后
c = my_list[2:]
print(c)
```

代码运行结果如下：

```
>>>
[10, 20, 30, 40, 50]
[20, 30]
[10, 20, 30]
[30, 40, 50]
```

如果要删除列表中的某个元素，可以使用 pop() 和 remove() 方法。请尝试运行代码 5.6，并查看运行结果。

代码 5.6
```
# 删除列表元素
my_list = [10, 20, 30, 40, 50]
print(my_list)

# 使用 pop() 删除最后一个元素
my_list.pop()
print(my_list)

# 使用 remove() 删除某个元素
my_list.remove(20)
print(my_list)
```

代码运行结果如下：

```
>>>
[10, 20, 30, 40, 50]
[10, 20, 30, 40]
[10, 30, 40]
```

列表属于序列数据类型，因此可以使用 for 循环进行遍历。例如，如果要计算一个列表所有元素的和，我们只需要使用 for 循环遍历列表，并进行累加即可，参考代码 5.7。

代码 5.7

```
# 计算列表所有元素的总和
numbers = [10, 20, 30, 40, 50]

s = 0
for n in numbers:
    s = s + n
print(f'列表数据总和为：{s}')
```

代码运行结果如下：

```
>>>
列表数据总和为：150
```

在代码 5.7 中，我们使用了 for 循环对列表进行遍历，但是没有使用索引值获取元素。如果要使用索引值获取元素，我们可以使用 range()函数，并且结合列表长度进行遍历，参考代码 5.8。

代码 5.8

```
# 遍历列表
numbers = [10, 20, 30, 40, 50]

# 使用索引值
for i in range(len(numbers)):
    print(numbers[i])

# 不使用索引值
for n in numbers:
    print(n)
```

代码 5.8 给出了两种遍历方式的样例代码，可以发现，不使用索引值的代码更加简洁。但是，如果要从后往前输出元素，或者输出部分元素，使用索引值是更合理的方式，参考代码 5.9。

代码 5.9

```
# 逆序遍历列表
numbers = [10, 20, 30, 40, 50]

# 使用索引值
for i in range(len(numbers)-1, -1, -1):
    print(numbers[i])
```

代码运行结果如下：

```
>>>
50
40
30
20
10
```

思考：为什么 range()函数的三个参数是这几个值，分别代表什么含义？

在使用列表的过程中，我们经常会遇到如下错误，表示在访问列表中的元素时，索引值超出了列表索引的范围。

IndexError: list index out of range

尝试运行代码 5.10，你会发现程序无法正常运行，同时 Shell 中会出现上述错误信息。虽然列表 numbers 中有 5 个元素，但是最后一个元素 5 的索引值是 4，由于列表索引值是从 0 开始的，因此当我们想要访问索引值为 5 的元素时，程序会出错。看到这个错误信息时，只需要仔细检查代码中是否有索引值超出范围的情况即可。

代码 5.10

```
numbers = [1, 2, 3, 4, 5]
print(numbers)
print(numbers[5])
```

代码运行结果如下：

```
>>>
[1, 2, 3, 4, 5]
Traceback (most recent call last):
  File "C:\Users\qian\AppData\Local\Programs\Python\Python310\ex2.py", line
3, in <module>
    print(numbers[5])
IndexError: list index out of range
```

5.2 tuple 元组

5.2.1 tuple 简介

Python 的 tuple 类型，也被称为**元组**，使用英文小括号()将元素包含其中，元素之间用英文逗号隔开。如图 5.2 所示为元组类型的基本结构。从表面看，元组的结构与列表非常相似，似乎只是多了一对圆括号。但是，元组与列表有一个本质区别：创建好的元组元素不可修改，因此我们可以把元组看作一种只读列表。

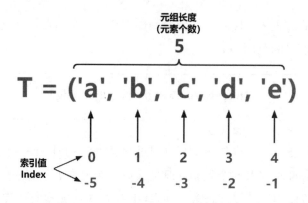

图 5.2 元组类型的基本结构

代码 5.11 展示了定义元组的样例，其中 t1 是空元组，即括号中不包括任何元素。元组的元素可以是各种类型（t2、t3）。如果使用逗号将元素隔开，没有使用圆括号，Python 会自动判定其为元组（t4）。如果元组中只有一个元素，需要在该元素后面添加一个英文逗号（t5），否则 Python 不会判定这是一个元组，因为其可能是括号中的一个整数（t6）。请读者尝试运行代码 5.11，认真分析其运行结果。

代码运行结果如下：

```
>>>
()
t1 的类型是:<class 'tuple'>
(1, 2, 'a', 'b', 99)
t4 的类型是:<class 'tuple'>
(99,)
t5 的类型是:<class 'tuple'>
99
t6 的类型是:<class 'int'>
```

代码 5.11

```python
# 元组 tuple 样例
# 空元组
t1 = ()
print(t1)
print(f't1 的类型是:{type(t1)}')

t2 = (1, 2, 3, 4, 5)
t3 = ('a', 'b', 'c')

# 不使用括号也可以定义元组
t4 = 1, 2, 'a', 'b', 99
print(t4)
print(f't4 的类型是:{type(t4)}')

# 只有一个元素的元组
# 元素后需要有逗号
t5 = (99,)
print(t5)
print(f't5 的类型是:{type(t5)}')

# 如果没有逗号，则不是元组
t6 = (99)
print(t6)
print(f't6 的类型是:{type(t6)}')
```

5.2.2　tuple 操作

与列表相似，tuple 元组也通过索引值访问数据，正向索引从 0 开始，反向索引从 -1 开始（详见图 5.2）。代码 5.12 为访问元组元素的案例，可以通过方括号加索引值的方式访问单个元素，也可以进行元组切片。

代码 5.12

```python
# 元组数据访问
# 创建元组
T = (10, 20, 30, 40, 50)

# 根据索引访问元素
# 第一个元素
```

```
print(T[0])

# 第二个元素
print(T[1])

# 最后一个元素
print(T[-1])

# 元组长度
print(len(T))

# 元组切片
t1 = T[2:4]  # 第三个元素开始，到第五个元素之前
print(t1)

t2 = T[:3]  # 第一个元素开始，到第四个元素之前
print(t2)

t3 = T[2:]  # 第三个元素开始，到最后一个元素
print(t3)
```

代码运行结果如下：

```
>>>
10
20
50
5
(30, 40)
(10, 20, 30)
(30, 40, 50)
```

如果用户尝试修改元组中某个元素的值，Python 会发出警告：元组不支持元素赋值操作。因为元组是只读类型，我们无法修改其元素的值。例如，在代码 5.13 中，我们尝试把元组的第二个元素修改为 100，运行程序时，Shell 报错提示代码发生 TypeError: 'tuple' object does not support item assignment，即 tuple 类型不支持元素赋值操作。

代码 5.13

```
# 创建元组
T = (10, 20, 30, 40, 50)
print(T)
```

```
# 尝试修改某个元素
T[1] = 100
print(T)
```

代码运行结果如下：

```
>>>
(10, 20, 30, 40, 50)
Traceback (most recent call last):
  File "C:\Users\qian\AppData\Local\Programs\Python\Python310\ex2.py", line
7, in <module>
    T[1] = 100
TypeError: 'tuple' object does not support item assignment
```

元组支持连接与复制操作，因为这些操作不是修改元组，而是创建新的元组，参考代码 5.14。

代码 5.14

```
t1 = (10, 20)
t2 = (30, 40, 50)


t3 = t1 + t2  # 连接元组
print(t3)


t4 = t2 * 3  # 复制元组 3 次
print(t4)
```

代码运行结果如下：

```
>>>
(10, 20, 30, 40, 50)
(30, 40, 50, 30, 40, 50, 30, 40, 50)
```

与列表相似，元组可以使用 for 语句进行遍历，代码 5.15 给出了直接遍历与使用索引值遍历两种方式。

代码 5.15

```
t1 = ("red", "green", "blue")

# 直接遍历
print("直接遍历结果: ")
for item in t1:
    print(item)
```

```
# 索引值遍历
print("索引值遍历结果: ")
for i in range(len(t1)):
    print(t1[i])
```

代码运行结果如下：

```
>>>
直接遍历结果:
red
green
blue
索引值遍历结果:
red
green
blue
```

5.3 dict 字典

5.3.1 dict 简介

利用列表和元组存储数据时，我们可以通过索引值来读取数据。索引值实际是一个顺序或者位置信息，无法表示元素的含义。大多数情况下，我们并不关心元素的顺序，而是关心元素的具体意义。Python 的 **dict 字典类型**提供了一种数据的组织方式，即以键-值对（key-value）的方式表示一个元素，为每个元素自定义一个 key（相当于列表的索引值），然后利用这个 key 来访问数据。因为这种访问形式与字典的查询方式相似，所以这个类型是 dict，英文 dictionary 的缩写。

字典类型的定义方式为使用花括号{}将元素包含其中，每个元素由键-值对（key-value）组成。如图 5.3 所示为字典类型变量 D 的结构，其中包含三个元素（item）。代码 5.16 展示了字典类型的一些基本使用方法。

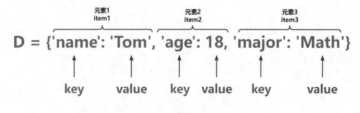

图 5.3 字典类型变量 D 的结构

代码 5.16

```
# 空字典
d1 = {}
print(d1)
print(f'd1 的类型是:{type(d1)}，长度为:{len(d1)}')

# 图 5.3 所示的变量 D
D = {'name': 'Tom', 'age': 18, 'major': 'Math'}
print(D)
print(f'D 的类型是:{type(D)}，长度为:{len(D)}')

# 访问某个元素的值
a = D['name']
print(f'变量 D 中 name 的值={a}')
age = D['age']
print(f'变量 D 中 age 的值={age}')
```

代码运行结果如下：

```
>>>
{}
d1 的类型是:<class 'dict'>，长度为:0
{'name': 'Tom', 'age': 18, 'major': 'Math'}
D 的类型是:<class 'dict'>，长度为:3
变量 D 中 name 的值=Tom
变量 D 中 age 的值=18
```

　　通过观察代码 5.16 我们可以发现，字典类型与列表类型相似，可以通过 len() 函数来计算长度（元素个数），也可以通过方括号[]来访问元素。不同之处是，访问列表中的元素时，方括号中是元素的索引值；访问字典中的元素时，方括号中是元素的 key（键）。

　　在上面的案例中，字典的 key 都是字符串，实际上字典的 key 也可以是整数，原则上 key 可以是任何不可变类型的值。字典中每个元素的 value（值）可以是任何类型，没有限制。请尝试运行代码 5.17，进一步理解字典的 key-value 关系。

代码 5.17

```
d1 = {
    'name':"Jim",
    'scores':[90, 88, 99],
    'ranking':10
    }
print(d1['scores'])
```

```
squares = {1:1, 2:4, 3:9}
print(squares[1])

d2 = {"name":"Tom", 1:66, "age":20 }
print(d2[1])
print(d2['age'])
```

代码运行结果如下：

```
>>>
[90, 88, 99]
1
66
20
```

5.3.2 dict 操作

字典类型是可变类型，我们可以修改其元素的值，也可以添加或删除元素。代码 5.18 给出了一些字典操作的样例，请读者尝试运行该代码，根据输出结果理解代码的含义。

代码执行后，Shell 会报错。原因是最后一个输出语句的作用是输出 name 的值，但是前面的代码已经从字典变量 student 中删除了 name 元素，字典变量 student 中已经不存在 name 这个 key，所以 Shell 会报错：KeyError: 'name'。

代码 5.18

```
# 定义一个字典变量 student
student = {'name':"Jim", 'Math':90, 'Chinese':80}
print(student)

# 修改某个元素的值
student['Math'] = 98
print(student)

# 添加一个元素
student['English'] = 92
print(student)

# 删除一个元素
```

```
student.pop('name') # 把 name 删除
print(student)

# 访问不存在的元素，Shell 报错
print(student['name'])
```

代码运行结果如下：

```
>>>
{'name': 'Jim', 'Math': 90, 'Chinese': 80}
{'name': 'Jim', 'Math': 98, 'Chinese': 80}
{'name': 'Jim', 'Math': 98, 'Chinese': 80, 'English': 92}
{'Math': 98, 'Chinese': 80, 'English': 92}
Traceback (most recent call last):
  File "C:\Users\qian\AppData\Local\Programs\Python\Python310\ex2.py", line
18, in <module>
    print(student['name'])
KeyError: 'name'
```

使用 for 语句即可遍历字典。首先来看代码 5.19，从运行结果可以发现，这段代码可以输出 student 变量的每个 key。那么如何根据 key 输出 value？请读者在代码 5.19 的基础上进行修改，尝试输出每个元素的值。

代码 5.19

```
# 定义一个字典变量 student
student = {'name':"Jim", 'Math':90, 'Chinese':80}
print(student)

# 遍历 key
for x in student:
    print(x)
```

代码运行结果如下：

```
>>>
{'name': 'Jim', 'Math': 90, 'Chinese': 80}
name
Math
Chinese
```

实现遍历元素值的方法也非常简单，只需要根据 key 访问 value。

代码 5.20

```
# 定义一个字典变量 student
```

```
student = {'name':"Jim", 'Math':90, 'Chinese':80}
print(student)

# 遍历所有元素
for x in student:
    print(f'{x}的值={student[x]}')
```

代码运行结果如下：

```
>>>
{'name': 'Jim', 'Math': 90, 'Chinese': 80}
name 的值=Jim
Math 的值=90
Chinese 的值=80
```

5.4 str 字符串

5.4.1 str 简介

第 2 章已经介绍过 str 字符串类型的一些基本知识，前面的练习中也经常用到字符串。**字符串**是由字符组成的序列，用户可以通过索引值对字符串进行数据访问、切片，也可以通过 len() 函数来获得其长度（包含的字符数量）。字符串与元组类似，都是不可变类型，即用户可以访问字符串的数据，但是无法修改字符串的值。

代码 5.21 给出了字符串类型的一些数据访问样例。如果要获取字符串中的某个字符或者某几个字符，可以使用方括号[]加索引值的方法。

代码 5.21

```
# 字符串 str 样例
# 空字符串
s1 = ""
print(f's1 的类型是:{type(s1)}，其长度为{len(s1)}')

# 根据索引值访问数据
S = "HELLO"
print(f'S 的类型是:{type(S)}，其长度为{len(S)}')

# 输出第一个字符
print(S[0])
```

```
# 输出第二个字符
print(S[1])

# 输出最后一个字符
print(S[-1])

# 截取字符串
s1 = S[2:4]  # 从第三个字符开始，到第五个字符之前
print(s1)

s2 = S[:3]  # 从第一个字符开始，到第四个字符之前
print(s2)

s3 = S[2:]  # 从第三个字符开始，到最后一个字符
print(s3)
```

代码运行结果如下：

```
>>>
s1 的类型是:<class 'str'>，其长度为 0
S 的类型是:<class 'str'>，其长度为 5
H
E
O
LL
HEL
LLO
```

如图 5.4 所示为字符串类型的结构，如果读者不熟悉索引值的规则，可以根据图 5.4 所示的结构和代码 5.21 的样例进行深入了解。

图 5.4　字符串类型的结构

我们通常使用一对英文单引号或者双引号来定义字符串，还有一种定义方式是使

用一对"三引号"，这样定义的字符串可以由多行组成。通过程序运行结果可以发现，引号中的内容被原封不动地输出，包括其中的空格。另外，三个单引号或者三个双引号都可以实现这类字符串的定义。

代码 5.22

```
s1 = """Good Morning!
    Hello Hi"""
print(s1)

s2 = '''Good Afternoon!
Good Bye'''
print(s2)
```

代码运行结果如下：

```
>>>
Good Morning!
    Hello Hi
Good Afternoon!
Good Bye
```

5.4.2 str 操作

因为字符串是不可变类型，所以字符串的值无法修改，如果尝试修改字符串中的某个字符，程序就会出错。代码 5.23 尝试把字符串的最后一个字符 F 改为 E，运行时 Shell 会报错提示：TypeError: 'str' object does not support item assignment。请读者尝试回忆是否见到过类似的错误提示，并思考这个错误的含义。

代码 5.23

```
S = 'ABCDF'
# 尝试修改最后一个字符
S[4] = 'E'
print(S)
```

代码运行结果如下：

```
>>>
Traceback (most recent call last):
  File "C:\Users\qian\AppData\Local\Programs\Python\Python310\ex2.py", line 3, in <module>
```

```
    S[4] = 'E'
TypeError: 'str' object does not support item assignment
```

虽然字符串不支持修改操作，但是支持连接与复制操作，因为这两个操作都会返回新的字符串，参考代码 5.24。

代码 5.24

```
s1 = 'ABC'
s2 = "DEF"

# 字符串连接
s3 = s1 + s2
print(s3)

# 字符串复制
s4 = s1 * 3
print(s4)
```

代码运行结果如下：

```
>>>
ABCDEF
ABCABCABC
```

对于字符串，我们可能还想要执行另一种操作，即判断某个字符串是否包含一些字符，这时只需要结合使用 in 关键字和判断语句即可实现，参考代码 5.25。

代码 5.25

```
s1 = 'ABCDEFG'
# 判断 C 是否包含在这个字符串中
if 'X' in s1:
    print(f'X 在{s1}中')
else:
    print(f'X 不在{s1}中')

# 判读 ABC 是否包含在字符串中
if 'ABC' in s1:
    print(f'ABC 在{s1}中')
else:
    print(f'ABC 不在{s1}中')
```

代码运行结果如下：

```
>>>
```

X 不在 ABCDEFG 中
ABC 在 ABCDEFG 中

使用 in 关键字判断包含关系的方法也适用于列表、元组和字典。如果要计算某个字符在字符串中出现了几次，就无法仅仅通过使用 if 语句实现，需要对字符串进行遍历。遍历字符串的方式是使用 for 语句，参考代码 5.26。

代码 5.26

```
s1 = 'ABCDE'

# 遍历字符串 s1
for c in s1:
    print(c)
```

代码运行结果如下：

```
>>>
A
B
C
D
E
```

了解遍历字符串的方法后，请读者使用已经学习过的知识，完成任务 5.1，即由用户输入一个字符串，统计字符 a 出现的次数。

任务 5.1： 用户输入一个由小写字母组成的字符串，请设计一个程序统计字符 a 在字符串中出现的次数。

代码 5.27 给出了参考程序，遍历字符串，当发现字符是 a 时，使变量 count 增加 1。

代码 5.27

```
print("请输入一个由小写字母组成的字符串:")
s = input()

count = 0
for c in s:
    if c == 'a':
        count = count + 1
print(f"字符 a 在{s}中一共出现了{count}次")
```

代码运行结果如下：

```
>>>
请输入一个由小写字母组成的字符串：
asdfadsfcxvea
字符 a 在 asdfadsfcxvea 中一共出现了 3 次
```

本章小结

　　本章主要介绍了 Python 中的几个高级数据类型，包括 list 列表、tuple 元组、dict 字典、str 字符串。其中列表、元组和字符串都可以通过索引值访问数据，而字典则通过 key 访问数据。同时，我们也了解到元组和字符串都是不可变类型，无法通过赋值语句来修改某个元素（或者字符）。列表和字典是可变类型，可以通过赋值语句来修改某个元素的值。掌握这几个数据类型的概念将对学习 Python 编程起到重要的作用，请读者尝试运行并理解本章的代码。

关键术语

- 列表 list
- 元组 tuple
- 字典 dict
- 字符串 str
- 不可变类型

课后习题

　　1．列表和元组的本质区别是什么？

　　2．我们学习过的不可变类型有哪些？

　　3．字典和列表有哪些关键区别？

　　4．元组类型可以作为字典类型的 key 吗？为什么？

　　5．给定一个包含若干整数的列表，请设计一个程序，输出列表中数据的最大值和最小值，以及平均值。

第6章

函　数

6.1　函数入门

6.1.1　内置函数

　　函数是所有程序中极为重要的结构。简而言之：**函数**是具有特定功能的代码片段，其允许程序在不同代码片段之间切换，也为代码复用提供了有效的机制。

　　在前面的代码中，最常用的函数是 print() 函数。这个函数可以实现数据的输出，根据参数不同，其输出效果也不同。另一个常用的函数是 input() 函数，它可以读取并返回用户在键盘上的输入数据，通过赋值语句可以保存 input() 函数的返回值。在学习 for 循环时，我们用到了 range() 函数，其中包含三个参数：start、stop 和 step，可以根据不同的参数返回不同的数列，用于循环迭代。其他一些常用的函数包括：类型转换函数 int()、float()、str()，判断变量类型的函数 type()，计算列表、元组长度的 len() 函数等。

　　上述函数都是 Python 的内置函数，即 Python 语言为用户设计好的函数，能够实现一些常用功能。函数是对功能的一种抽象，虽然其本质是一段完成具体功能的代码，但是我们无须关心其具体实现，只需要了解输入参数和返回结果即可。Python 3 提供了丰富的内置函数，本书不再一一列举。如果需要了解所有内置函数及其使用方法，可以访问其官方网址。

6.1.2　函数定义

除使用内置函数外，编程时通常需要使用自定义函数来实现某些功能。在 4.2.3 节中，我们利用循环设计了一个程序进行数列求和，即输入一个整数 n，求出 1 到 n 的和。

下面来设计一个函数来完成这个任务，代码 6.1 给出了样例程序。因为数列的英文单词是 series，和的英文单词是 sum，将这两个单词用下画线连接，定义一个函数 series_sum。函数的命名规则与变量相同，只能使用英文字符、数字和下画线，具体规则可以参考 2.1.3 节。同时，命名函数要尽可能表达出其实现的功能，方便他人理解。

函数名后面有一对括号，中间有一个参数 n，以英文冒号结尾。从函数的第二行开始缩进的代码是函数的代码块，也叫作函数体。函数体中包括使用 for 循环求和的代码，但是函数体末尾并没有直接输出结果，而是使用了一个 return 语句，该语句的作用是返回值。函数可以理解为一个复杂的表达式，因为最终它会变成一个值，即返回值。所以，在调用函数后，赋值语句将变量 Sn 赋值为函数 series_sum(n)的返回值。

代码 6.1

```
# 定义求和函数
def series_sum(n):
    s = 0
    for i in range(1, n+1):
        s = s + i
    return s

# 输入数据
print("请输入一个正整数 n:")
n = int(input())

# 调用函数
Sn = series_sum(n)

# 输出结果
print(f"1 加到{n}的和={Sn}")
```

代码运行结果如下：

```
>>>
请输入一个正整数 n:
100
1 加到 100 的和=5050
```

通过代码 6.1，我们大致了解了函数的定义方式，以及函数定义相关的重要概念。图 6.1 基于代码 6.1 中的函数呈现了函数定义的基本结构。函数定义需要使用 Python 的 def 语句，def 是英文单词 define（定义）的缩写，所以我们需要在程序中设计一个函数，叫作定义函数。

函数定义分为两个部分：函数签名（signature）和函数体（function body）。**函数签名**以 def 关键字开头，包括函数名称（function name）和函数的形式参数（parameters）。通过函数签名即可实现函数调用。例如 range()函数，我们可以通过其名称及形式参数实现调用，无须关注函数体。

函数体（function body）包含实现函数功能的代码，代码中通常会用到局部变量（local variables）。局部变量是仅在函数体中有效的变量，不会影响函数体外代码的执行。函数可以没有返回值，如果有返回值，则需要使用返回语句（return statement）返回需要返回的值。

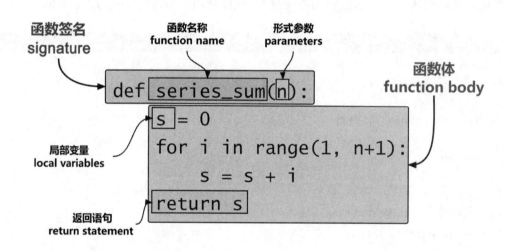

图 6.1　函数定义结构图

6.1.3　函数调用过程

在 6.1.2 节中，我们定义了一个求 1～n 之和的函数，其中使用了循环语句。请读者尝试根据等差数列的求和公式，设计一个等差数列求和函数。

任务 **6.1**：请根据等差数列求和公式，设计一个数列求和函数，函数的参数有首项值、公差、项数 n，返回值为前 n 项的和。

$$S_n = \frac{1}{2} \cdot n \cdot (a_1 + a_n)$$

$$a_n = a_1 + (n-1) \cdot d$$

在代码 6.2 中，我们优化了 series_sum() 函数，首先参数增加至三个，包括首项 a_1、公差 d、项数 n，然后根据求和公式计算前 n 项的和 S_n，最后返回其值。调用函数时，我们使用的变量是 a、b、c，为什么程序没有报错？请读者尝试解释其中的缘由。

代码 6.2

```
# 定义求和函数
def series_sum(a1, d, n):
    # 计算 an
    an = a1 + (n - 1) * d
    # 前 n 项和
    Sn = 1/2 * n * (a1 + an)
    # 返回求和结果
    return Sn

# 输入数据
print("请输入等差数列的首项值:")
a = int(input())
print("请输入等差数列的公差:")
b = int(input())
print("请输入要求和的项数:")
c = int(input())

# 调用函数
s = series_sum(a, b, c)

# 输出结果
print(f"该数列前{c}项的和={s}")
```

代码运行结果如下：

```
>>>
请输入等差数列的首项值:
2
请输入等差数列的公差:
3
```

```
请输入要求和的项数：
3
该数列前 3 项的和=15.0
```

为了解释代码 6.2 没有报错的原因，我们需要理解函数调用的过程。首先，定义函数时设定的是**形式参数**（parameters），其变量名在函数体代码中发挥效果。而我们在调用函数时输入的是**实际参数**（arguments），实际参数的值会传递给形式参数，然后运行函数体的代码，最后获得返回值。因此，在调用函数时，实际参数的变量名可以是任意的，与函数定义中的形式参数名称无关。

图 6.2 展示了函数调用的大致过程。可以发现，当调用函数时，代码回到了函数定义部分。当函数代码执行完成后，执行过程再返回赋值语句，将返回值赋给变量 s。因此，当我们调用函数时，代码执行会进行跳转，当函数执行完毕后，代码会回到先前的执行位置。

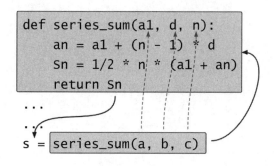

图 6.2　函数调用过程

同时，代码中可以包含多个函数，函数之间也可以相互调用。例如在代码 6.3 中，我们把计算数列第 n 项的值设计为一个函数。这样在计算前 n 项和的函数中，我们只需要调用 calc_an()函数来求 a_n 即可。尝试运行代码 6.3，查看其运行结果与代码 6.2 是否相同。

代码 6.3

```python
# 定义求和函数
def series_sum(a1, d, n):
    Sn = 1/2 * n * (a1 + calc_an(a1, d, n))
    return Sn

# 计算第 n 项的函数
def calc_an(a1, d, n):
    an = a1 + (n - 1) * d
```

```
    return an

# 输入数据
print("请输入等差数列的首项值:")
a = int(input())
print("请输入等差数列的公差:")
b = int(input())
print("请输入要求和的项数:")
c = int(input())

# 调用函数
s = series_sum(a, b, c)

# 输出结果
print(f"该数列前{c}项的和={s}")
```

代码运行结果如下:

```
>>>
请输入等差数列的首项值:
2
请输入等差数列的公差:
3
请输入要求和的项数:
3
该数列前 3 项的和=15.0
```

6.1.4 计算统计数据

学习过函数的定义与调用方法后,下面我们来尝试设计函数,用于解决一些常见问题。在分析数据时,经常需要计算一些统计数据,最常见的是中心趋势度量,包括平均数、中位数和众数。现在给定一个列表,包含 15 个整数表示学生的成绩,请读者设计三个函数来计算学生成绩的平均数、中位数和众数。

任务 6.2: 设计一个函数,计算列表中成绩的平均数。

代码 6.4 设计了计算平均数的函数 mean(),英文单词 mean 表示平均数、均值,该函数的参数是一个列表。函数 mean()会对列表中的数据求和,再除以数据个数,求得平均数。代码中的 total += n 是赋值语句 total = total + n 的简写形式,+=也是一种赋值运算符，类似运算符还有-=，*=，/=，//=等。

代码 6.4

```python
# 定义求平均数函数
def mean(nums):
    total = 0
    for n in nums:
        total += n # 等价于 total = total + n
    avg = total / len(nums)
    return avg

# 成绩列表
scores = [60,66,88,81,90,95,70,71,75,75,81,69,75,90,78]
print(f"成绩列表：{scores}，共{len(scores)}人")

# 求平均数
avg = mean(scores)
print(f"平均分为：{avg}")
```

代码运行结果如下：

```
>>>
成绩列表：[60, 66, 88, 81, 90, 95, 70, 71, 75, 75, 81, 69, 75, 90, 78]，共15人
平均分为：77.6
```

下面我们来设计求中位数的函数。中位数的英文单词是 median，其含义是，排序后数列中间位置的数。如果数据个数是奇数，中间位置是唯一的。如果数据个数是偶数，则中间位置有两个数，中位数取两者的均值。

任务 **6.3**：设计一个函数，计算列表中成绩的中位数。

要计算中位数，其中一个重要步骤是对列表进行排序，在上一个案例中，学生的成绩并没有按照一定顺序排列。在实际应用程序中，排序（sorting）是一种重要功能，使用 Python 自带的排序函数即可实现排序功能。

代码 6.5

```python
# 定义求中位数函数
def median(nums):
    nums.sort() # 排序

    # 根据列表长度求中位数
```

```
    length = len(nums)
    if length % 2 == 1: # 奇数长度
        mid = length // 2
        median = nums[mid]
    else:               # 偶数长度
        right_mid = length // 2
        left_mid = right_mid - 1
        median = (nums[left_mid] + nums[right_mid]) / 2
    return median

# 成绩列表
scores = [60,66,88,81,90,95,70,71,75,75,81,69,75,90,78]

# 求中位数
mid = median(scores)
print(f"成绩列表: {scores}")
print(f"中位数为: {mid}")
```

代码运行结果如下:

```
>>>
成绩列表: [60, 66, 69, 70, 71, 75, 75, 75, 78, 81, 81, 88, 90, 90, 95]
中位数为: 75
```

代码 6.5 给出了求中位数的样例程序。运行代码后,我们发现程序能够准确求出中位数。但是从运行结果来看,原始成绩列表 scores 也被排序。按照函数变量的作用范围,当 scores 作为实际参数传入函数体之后,nums 作为局部变量,其运算不会影响外部的变量 scores。nums.sort() 将 scores 进行排序的原因是,列表类型变量作为参数传入函数,函数的形式参数会指向同一个列表,函数对列表排序后,scores 也会同时发生变化。图 6.3 呈现了这个过程。

因为列表是可变类型,所以我们对它进行操作时,会修改列表的值,而不是创建新的列表。而前面我们使用的函数参数都是不可变类型,例如数字、字符串等。这些类型的参数一旦被修改,就会指向新的内存空间中的值,所以函数外的原始值不会改变。请读者回忆,我们学过哪些可变类型和不可变类型的数据?在使用函数时,需要特别注意这一点。

为了避免原始列表被改变,只需要在函数中复制列表,然后对其进行操作。代码 6.6 给出了两种复制列表的方法。

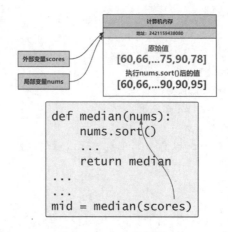

图 6.3　列表传值示意图

代码 6.6

```
# 复制列表的两种方法
a = [1, 2, 3]
b = a.copy()    # 使用 copy()方法
c = a[:]        # 使用切片运算符，截取所有元素
```

代码 6.7 中，median()函数复制学生成绩列表后再进行排序，从输出结果看，原始列表没有受到影响。

代码 6.7

```
# 定义求中位数函数
def median(nums):
    nums = nums.copy() # 复制列表
    nums.sort() # 排序
    print(f"排序成绩：{nums}")

    # 根据列表长度求中位数
    length = len(nums)
    if length % 2 == 1: # 奇数长度
        mid = length // 2
        median = nums[mid]
    else:               # 偶数长度
        right_mid = length // 2
        left_mid = right_mid - 1
        median = (nums[left_mid] + nums[right_mid]) / 2
    return median
```

```
# 成绩列表
scores = [60,66,88,81,90,95,70,71,75,75,81,69,75,90,78]

# 求中位数
mid = median(scores)
print(f"原始成绩: {scores}")
print(f"中位数为: {mid}")
```

代码运行结果如下：

```
>>>
排序成绩: [60, 66, 69, 70, 71, 75, 75, 75, 78, 81, 81, 88, 90, 90, 95]
原始成绩: [60, 66, 88, 81, 90, 95, 70, 71, 75, 75, 81, 69, 75, 90, 78]
中位数为: 75
```

如果仔细研究 Python 的内置函数，可以发现其内置函数中有一个 sorted()函数，其返回值是一个新的已经完成排序的列表。因此，使用该函数可以进一步简化代码，合并执行复制与排序操作。

代码 6.8 使用了 sorted()函数进行优化。此外，代码测试了数据个数为奇数与偶数的不同情况，确保求中位数函数能够在不同情况下正常工作。

代码 6.8

```
# 定义求中位数函数
def median(nums):
    nums = sorted(nums)                # 排序
    print(f"排序成绩: {nums}")

    # 根据列表长度求中位数
    length = len(nums)
    if length % 2 == 1:                # 奇数长度
        mid = length // 2
        median = nums[mid]
    else:                              # 偶数长度
        right_mid = length // 2
        left_mid = right_mid - 1
        median = (nums[left_mid] + nums[right_mid]) / 2
    return median

# 奇数个数据的情况
scores = [60,66,88,81,90,95,70,71,75,75,81,69,75,90,78]
mid = median(scores)
print(f"原始成绩: {scores}")
```

```
print(f"中位数为: {mid}")

# 偶数个数据的情况
scores = [60,66,88,81,90,95,70,71]
mid = median(scores)
print(f"原始成绩: {scores}")
print(f"中位数为: {mid}")
```

代码运行结果如下：

```
>>>
排序成绩: [60, 66, 69, 70, 71, 75, 75, 75, 78, 81, 81, 88, 90, 90, 95]
原始成绩: [60, 66, 88, 81, 90, 95, 70, 71, 75, 75, 81, 69, 75, 90, 78]
中位数为: 75
排序成绩: [60, 66, 70, 71, 81, 88, 90, 95]
原始成绩: [60, 66, 88, 81, 90, 95, 70, 71]
中位数为: 76.0
```

众数（mode）是指数据集中出现次数最多的数，数据集中可能有多个众数。为了计算学生成绩列表的众数，需要统计每个分数出现的次数。在前面学习过的数据类型中，dict 字典类型最适合用来记录每个分数出现的次数，因为它使用键值对（key-value）存储数据。我们可以把学生的分数作为 key，每个分数出现的次数作为 value，然后遍历字典变量，找出出现次数最多的那个分数。

任务 6.4： 设计一个函数，计算列表中成绩的众数。

代码 6.9

```
# 定义求众数函数
def mode(nums):
    counts = {}           # 创建记录出现次数的字典

    for item in nums:
        if item in counts:
            counts[item] += 1
        else:
            counts[item] = 1

    # 找出出现次数最多的数据
    max_count = 0
    result = 0
    for key in counts:
```

```
        if counts[key] > max_count:
            max_count = counts[key]
            result = key
    return result

# 求出众数
scores = [60,66,88,81,90,95,70,71,75,75,81,69,75,90,78]
m = mode(scores)
print(f"原始成绩: {scores}")
print(f"众数为: {m}")
```

代码运行结果如下：

```
>>>
原始成绩: [60, 66, 88, 81, 90, 95, 70, 71, 75, 75, 81, 69, 75, 90, 78]
众数为: 75
```

　　代码 6.9 给出了计算众数的函数。根据测试数据，该函数可以找出列表中的众数。但是当众数有多个时，该函数无法只返回一个众数。请读者思考如何优化这个程序。

　　这里提供一种思路：先找出最高频率值，如果某个数的频率等于最高频率，就把它当作众数加入众数列表，最后函数返回众数列表。代码 6.10 是按照这个思路优化后的程序，请读者尝试用测试数据进行测试。其中找出最高频率使用了 counts.values()，它会返回一个列表，包含 counts 字典中的所有值，max()函数可以求出列表中的最大值。

代码 6.10

```
# 定义求众数函数
def mode(nums):
    counts = {}  # 创建记录次数的字典

    for item in nums:
        if item in counts:
            counts[item] += 1
        else:
            counts[item] = 1

    # 找出最高频率
    feq = counts.values()
    max_count = max(feq)

    # 找出众数
    mode_list = []
```

```
    for key in counts:
        if counts[key] == max_count:
            mode_list.append(key)
    return mode_list

# 一个众数的情况
scores = [60,66,88,81,90,95,70,71,75,75,81,69,75,90,78]
m = mode(scores)
print(f"原始成绩: {scores}")
print(f"众数为: {m}")

# 多个众数的情况
scores = [81,90,95,70,71,75,75,81,69,75,90,78,81,90]
m = mode(scores)
print(f"原始成绩: {scores}")
print(f"众数为: {m}")
```

代码运行结果如下:

```
>>>
原始成绩: [60, 66, 88, 81, 90, 95, 70, 71, 75, 75, 81, 69, 75, 90, 78]
众数为: [75]
原始成绩: [81, 90, 95, 70, 71, 75, 75, 81, 69, 75, 90, 78, 81, 90]
众数为: [81, 90, 75]
```

除三个中心趋势度量外,统计数据时,我们还会关注数据的离散度,离散度通常使用标准差(standard deviation)来表示。请读者根据计算公式,设计一个计算标准差的函数。

任务 6.5:设计一个函数,计算列表中成绩的标准差。计算公式如下:

$$sd = \sqrt{\frac{\sum_{i=1}^{n}\left(x_i - \bar{x}\right)^2}{n-1}}$$

代码 6.11

```
# 定义求标准差函数
def standard_dev(nums):
    avg = mean(nums)
    total = 0
    for n in nums:
        diff = n - avg
        diff_squared = diff ** 2
```

```
      total += diff_squared
   sd = (total / (len(nums) - 1)) ** 0.5
   return sd

# 定义求平均数函数
def mean(nums):
   total = 0
   for n in nums:
      total += n
   avg = total / len(nums)
   return avg

# 测试数据
scores = [60,66,88,81,90,95,70,71,75,75,81,69,75,90,78]
avg = mean(scores)
sd = standard_dev(scores)
print(f"成绩均分为：{avg}，标准差：{sd:.3f}")
```

代码运行结果如下：

```
>>>
成绩均分为：77.6，标准差：9.934
```

代码 6.11 给出了计算标准差的参考程序，其中使用了 mean()函数。至此，我们完成了计算平均数、中位数、众数及标准差的函数，这些函数在 Excel 中也有应用。请读者对比我们设计的函数与 Excel 中相关函数的计算结果是否一致。

6.2 函数进阶

6.2.1 递归

在使用函数的过程中，我们可以在一个函数中调用另外一个函数，还可以在函数中调用自身，大多数高级程序设计语言都有这种机制，Python 也不例外。函数调用自身的情况称为**递归**（recursion）。

在解决同一个问题时，使用递归的程序通常更容易理解，代码也相对简洁。但是，在实际编程过程中，使用递归算法解决问题需要程序员对问题有深入的理解。

我们先来思考一个问题，如果要设计一个计算阶乘的函数，如何实现？

任务 6.6：$n!$ 表示 n 的阶乘，请设计一个函数计算 n 的阶乘，阶乘的公式如下：

$$n! = n \times (n-1) \times (n-1) \times \cdots \times 2 \times 1$$

根据阶乘的定义，我们只需要使用循环即可实现阶乘计算。代码 6.12 给出了样例程序。该程序使用 for 循环实现累乘，从而可以进一步计算 n 的阶乘，这里并没有使用递归算法。

代码 6.12

```python
# 定义阶乘函数
def factorial(n):
    p = 1
    for i in range(1, n+1):
        p *= i
    return p

# 调用函数
n = 6
p = factorial(n)
print(f"{n}! = {p}")
```

代码运行结果如下：

```
>>>
6! = 720
```

根据阶乘的计算公式，当 $n>1$ 时，n 的阶乘也可以看作 $n-1$ 的阶乘再乘以 n。以此类推，$n-1$ 的阶乘又可以看作 $(n-2)!$ 乘以 $n-1$，直到 n 为 1。按照这个思路，我们可以使用递归来重新设计计算阶乘的函数。

当 $n > 1$ 时，$n! = n \times (n-1)!$

代码 6.13 使用了递归的方法，即在函数 factorial() 中调用自身（函数体的最后一行）。递归方式不使用循环语句，只用少量程序描述计算过程需要的多次重复计算，代码更简洁。递归函数主要包括两个部分。第一部分叫作**基本情况**（base case），是递归程序的终止条件。在代码 6.13 中，n 为 1 是基本情况，这是不会出现递归调用函数的情况，而是直接返回确定的值。另一个部分叫作**递归步骤**（reduction step），是函数调用自身的部分，即代码 6.13 中的最后一行代码。

所有的递归程序至少有一种基本情况和一个递归步骤。同时，递归步骤中的参数值必须最终收敛到某种基本情况。例如，在代码 6.13 中，factorial(n-1)必然会使 n 最终收敛到 1。

代码 6.13

```python
# 定义递归阶乘函数
def factorial(n):
    if n == 1:
        return 1
    else:
        return n * factorial(n-1)

# 调用函数
n = 6
p = factorial(n)
print(f"{n}! = {p}")
```

代码运行结果如下：

```
>>>
6! = 720
```

6.2.2 最大公约数

关于最大公约数（greatest common divisor），有一个比较著名的古老算法是欧几里得算法，也叫作辗转相除法，具体描述见任务 6.7。

任务 6.7：设计一个函数，根据欧几里得算法求两个数的最大公约数。根据欧几里得算法，当 $p > q$ 时，p 和 q 的最大公约数等于 q 和 $p \% q$ 的最大公约数。

从欧几里得算法的描述来看，其非常符合递归思路。根据欧几里得算法，我们设计了求最大公约数的程序（代码 6.14）。代码非常简洁，而且能够完成任务。递归函数的基本情况是 q 为 0，即上一次递归步骤中 $p \% q$ 为 0（p 除以 q 的余数为 0）。此时的 q，即基本情况中的 p 就是最大公约数。

在代码 6.14 中，我们并没有判断 p 与 q 的大小。在案例中，m 小于 n，程序仍然能够正常运行。原因是在 p 小于 q 时，$p \% q$ 等于 p，因此在执行递归步骤时，相当于 p 与 q 自动交换了位置，自动进入欧几里得算法。

代码 6.14

```python
# 定义求最大公约数函数
def GCD(p, q):
    if q == 0:
        return p
    else:
        return GCD(q, p % q)


# 调用函数
m = 18
n = 27
g = GCD(m, n)
print(f"{m}和{n}的最大公约数为{g}")
```

代码运行结果如下：

```
>>>
18 和 27 的最大公约数为 9
```

请读者尝试不使用递归，设计一个计算最大公约数的函数。

我们可以根据欧几里得算法的步骤，利用 while 循环来实现算法。使用 while 循环的原因是：我们无法预测循环的次数，需要根据条件来终止循环。当 $p \% q$ 不为 0 时，执行循环代码。因为要交换 p 和 q 的值，我们需要引入中间变量 t，实现这种交换。请读者尝试运行代码 6.15，并输入不同的数据进行测试，并思考该方法与递归方法有何异同。

代码 6.15

```python
# 定义求最大公约数的函数
def GCD(p, q):
    while p % q != 0:
        t = p % q
        p = q
        q = t
    return q


# 调用函数
m = 18
n = 27
g = GCD(m, n)
print(f"{m}和{n}的最大公约数为{g}")
```

代码运行结果如下：

```
>>>
18 和 27 的最大公约数为 9
```

本节主要利用递归与循环迭代的方法求解最大公约数，请读者思考是否还有其他方法，并根据任务 6.8 的要求，设计一个程序。

任务 6.8： 设计一个函数，使用 for 循环求两个数的最大公约数。

6.2.3　斐波那契数列

斐波那契数列是由意大利人斐波那契（Fibonacci）最先开始研究的一个数列，最初用来描述兔子的繁殖数量，其数学定义如任务 6.9 所示。

任务 6.9： 设计一个函数，参数为 n，计算并返回斐波那契数列第 n 项的值。斐波那契数列定义如下：

$$F_0 = 0$$
$$F_1 = 1$$
$$F_n = F_{n-1} + F_{n-2}$$

斐波那契数列前 10 项的值为 1、1、2、3、5、8、13、21、34、55……

从定义来看，斐波那契数列非常符合递归思路：它有两种基本情况，可以递归求得第 n 项的值。根据这一思路，我们设计了代码 6.16。请读者尝试运行该代码，测试其是否符合任务 6.9 的要求。当测试较小的数值时，程序可以快速给出答案。但是，如果测试一个数值稍大的数，例如 36，程序需要执行几秒钟才能输出结果。

代码 6.16

```python
# 定义函数
def Fib(n):
    if n == 0:
        return 0
    elif n == 1:
        return 1
    else:
        return Fib(n-1) + Fib(n-2)
```

```
# 调用函数
n = 6
fn = Fib(n)
print(f"斐波那契数列的第{n}项为{fn}")
```

代码运行结果如下：

```
>>>
斐波那契数列的第 6 项为 8
```

在代码 6.17 中，我们设计了计时程序，以便测试当 *n* 为 36 时，代码的执行时间。从运行结果看，程序用了大概 3.5 秒来计算斐波那契数列的第 36 项，效率非常低。

代码 6.17

```
import time
# 定义函数
def Fib(n):
    if n == 0:
        return 0
    elif n == 1:
        return 1
    else:
        return Fib(n-1) + Fib(n-2)


# 调用函数
n = 36
start = time.time() # 记录开始时间
fn = Fib(n)
t = time.time() - start # 计算运行时间
print(f"斐波那契数列的第{n}项为{fn}")
print(f"计算用时为{t:.3f}秒")
```

代码运行结果如下：

```
>>>
斐波那契数列的第 36 项为 14930352
计算用时为 3.576 秒
```

效率低的原因在于递归过程中重复计算了很多项。例如要计算第 36 项，就需要计算第 35 项和第 34 项；在计算第 35 项时，还会计算一次第 34 项。以此类推，程序会进行大量的重复计算，所以导致计算效率下降。

为了提高程序的运行效率，我们可以尝试将程序运行过程中的计算结果进行保存。如果已经计算过某项的值，就不需要再重复计算。我们可以考虑使用字典类型的数据结构来保存计算结果，如果程序已经计算过某个项，就在字典中添加键-值对。如果程序没有计算过某项，那么字典中就不存在对应的 key，从而判断该项是否需要计算。

代码 6.18 实现了用字典 data 来存储计算过程数据的递归函数。我们在初始化 data 时，把第 0 项和第 1 项的基本情况保存其中，然后递归执行。只要某项的值不包含在字典 dict 中，就将其保存。当再次需要某项值时，则无须重复计算。从运行效率看，代码 6.18 能够快速计算出第 36 项。即使把 n 设置为 100 也几乎能够立即输出结果，效率提升非常可观。

代码 6.18

```python
import time
# 定义函数
def Fib(n, data):
    if not n in data:
        data[n] = Fib(n-1, data) + Fib(n-2, data)
    return data[n]


# 调用函数
n = 36
data = {0 : 0, 1 : 1}
start = time.time() # 记录开始时间
fn = Fib(n, data)
t = time.time() - start # 计算运行时间
print(f"斐波那契数列的第{n}项为{fn}")
print(f"计算用时为{t:.3f}秒")
```

代码运行结果如下：

```
>>>
斐波那契数列的第 36 项为 14930352
计算用时为 0.000 秒
```

本章小结

本章主要介绍了 Python 的函数定义方式及其调用过程。函数定义分为两个部分：函数签名和函数体。签名以 def 关键字开头，包括函数名称和函数的形式参数。函数体包含实现函数功能的代码，如果函数有返回值，则需要使用 return 语句将需要返回的值返回。函数还可以调用自身，这种机制叫作递归。递归函数至少有一种基本情况，同时递归步骤需要收敛至某种基本情况。函数是程序的重要结构，可以帮助我们更好地规划代码。如果一个任务可以分解为多个子任务，函数就能够发挥重要作用。

关键术语

- 函数定义
- 函数签名
- 函数体
- 递归
- 基本情况

课后习题

1. 设计一个函数，判断参数 *n* 是否为奇数。

2. 设计一个函数，判断参数 *n* 是否为素数。

3. 设计一个函数，判断参数 year 是否为闰年。

4. 查阅计算圆周率的相关资料，设计一个计算圆周率的函数。

5. 不使用 Python 自带的 math 模块和幂运算符，根据牛顿迭代法设计一个计算平方根的函数。

第 7 章

跨学科编程案例

7.1　素数探究

7.1.1　判断素数

素数（Prime Number，也称作质数）是非常重要的数学概念，是指只有 1 和其本身两个因数的自然数，例如：2、3、5、7 等。许多著名的数学猜想（如：哥德巴赫猜想、孪生素数猜想等）都与素数有关。本节将利用编程的方法来探索素数的世界。

在学习循环语句时，我们编写了判断素数的程序。如果将其设计成一个函数，就能够更加方便地深入探索素数及其相关的数学猜想。在代码 7.1 中，我们基于代码 4.17 设计了一个判断素数的函数 is_prime()。该函数的参数是一个整数 n，函数体中的循环用于计算 n 的因数的个数。如果 n 只有两个因数，则返回 True，表示 n 是素数；否则返回 False，表示 n 不是素数。

代码 7.1

```python
# 定义函数
def is_prime(n):
    k = 0
    for i in range(1, n+1):
        if n % i == 0:
            k += 1
    if k == 2:
        return True
    else:
```

```
        return False

# 输入数据进行测试
print("请输入一个正整数：")
n = int(input())

if is_prime(n):
    print(f"{n}是素数")
else:
    print(f"{n}不是素数")
```

代码运行结果如下：

```
>>>
请输入一个正整数：
17
17是素数
```

4.2.6 节曾经提到上述判断方法效率较低，如果使用一个较大的数（例如 73939133）进行测试，程序可能运行较长时间。代码 7.2 为程序加入计时代码，测试素数判断函数的运行时间。

代码 7.2

```
import time
# 定义函数
def is_prime(n):
    k = 0
    for i in range(1, n+1):
        if n % i == 0:
            k += 1
    if k == 2:
        return True
    else:
        return False

# 输入数据进行测试
print("请输入一个正整数：")
n = int(input())

start = time.time()  # 记录开始时间
if is_prime(n):
    print(f"{n}是素数")
```

```
else:
    print(f"{n}不是素数")
t = time.time() - start  # 计算运行时间
print(f"计算用时为{t:.3f}秒")
```

代码运行结果如下：

```
>>>
请输入一个正整数：
73939133
73939133 是素数
计算用时为2.223 秒
```

从运行结果来看，判断这个 8 位数是否为素数，程序计算用时为 2.223 秒。如果使用更多位数的数字进行测试，程序可能会运行更长时间。显然，这样的计算效率并不利于进一步研究素数，我们首先需要提高程序的计算效率。

事实上，我们并不需要对所有小于 n 的数都进行测试，检查是否有其他因数。因为如果 n 可以分解为 $a * b$（a <= b），则只需要测试到 a 即可判断 n 是否为素数。这一算法叫作"试除法"，由斐波那契提出。

根据这一思路进一步优化素数判断函数（参考代码 7.3）。继续使用 73939133 来测试代码，计算用时为 0.003 秒，效率得到极大提升。请读者尝试输入更大的数，测试代码是否仍然可以快速输出结果。

代码 7.3

```
import time
# 定义函数
def is_prime(n):
    if n < 2:
        return False
    a = 2
    while a * a <= n:
        if n % a ==0:
            return False
        a += 1
    return True


# 输入数据进行测试
print("请输入一个正整数：")
n = int(input())
```

```
start = time.time()  # 记录开始时间
if is_prime(n):
    print(f"{n}是素数")
else:
    print(f"{n}不是素数")
t = time.time() - start  # 计算运行时间
print(f"计算用时为{t:.3f}秒")
```

代码运行结果如下：

```
>>>
请输入一个正整数：
73939133
73939133 是素数
计算用时为 0.003 秒
```

7.1.2　孪生素数

孪生素数是指一对相差为 2 的素数，例如：3 和 5，5 和 7，11 和 13 等。欧几里得在《几何原本》中已经证明素数有无穷多个，那么孪生素数是否也有无穷多对呢？因此数学家希尔伯特提出了孪生素数猜想，即：孪生素数有无穷多对。

这个猜想目前尚未解决，我们可以在判断素数的函数基础上，设计一个函数判断某个素数是否有孪生素数。下面来设计一个程序，输出不大于 n 的所有孪生素数，每一对孪生素数用一个元组表示。

代码 7.4 定义了 twin_prime() 函数来判断某个素数是否有孪生素数，然后再利用循环输出不大于 n 的所有孪生素数对。从输出结果看，1000 以内有 35 对孪生素数，10000以内有 205 对孪生素数，100 万以内的孪生素数有 8169 对。数值越大，孪生素数的占比似乎越少，如表 7.1 及图 7.1 所示。孪生素数猜想是否成立，则有待数学家们进一步探索。

代码 7.4

```
# 定义函数
def is_prime(n):
    if n < 2:
        return False
    a = 2
    while a * a <= n:
        if n % a ==0:
```

```
            return False
        a += 1
    return True


def twin_prime(n):
    if is_prime(n) and is_prime(n+2):
        return True
    return False


# 测试函数
n = 1000
k = 0


print(f"{n}以内的孪生素数有: ")
for i in range(2, n-1):
    if twin_prime(i):
        k += 1
        print((i, i+2))
print(f"共{k}对")
```

代码运行结果如下:

```
>>>
1000 以内的孪生素数有:
(3, 5)
(5, 7)
(11, 13)
...
(857, 859)
(881, 883)
共 35 对
```

表 7.1　孪生素数数量与占比

#	n 的值	孪生素数对数 k	k/n 百分比
1	10	2	20%
2	100	8	8%
3	1000	35	3.5%
4	10000	205	2%
5	100000	1224	1.2%
6	1000000	8169	0.8%

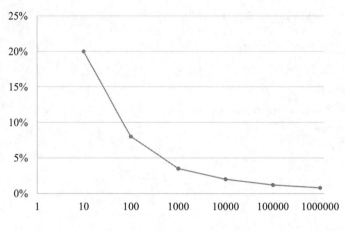

图 7.1　孪生素数比例变化趋势

7.1.3　素数个数

在素数的探究中，素数出现的规律一直困扰着数学界。要探索素数出现的规律，就需要对素数进行计数。数学界定义了一个素数计数函数 $\pi(x)$，用来表示小于等于 x 的素数个数。十八世纪末，数学家高斯和勒让德做出了如下猜测：

$$\pi(x) \approx \frac{x}{\ln(x)}$$

因为当时没有计算机，要验证这个猜测非常困难。我们现在掌握了编程工具，是否可以尝试用编程的方法来验证这个猜测呢？下面先在素数判断函数的基础上添加循环语句，设计素数计数函数，参考代码 7.5。

代码 7.5

```python
# 定义函数
def is_prime(n):
    if n < 2:
        return False
    a = 2
    while a * a <= n:
        if n % a ==0:
            return False
        a += 1
    return True
```

```
def pi(x):
    k = 0
    for i in range(2, n+1):
        if is_prime(i):
            k += 1
    return k

# 测试函数
n = 1000000
k = pi(n)
print(f"不大于{n}的素数个数有{k}个")
```

代码运行结果如下：

```
>>>
不大于 1000000 的素数个数有 78498 个
```

代码 7.5 实现了素数的计数，再来判断素数的数量与高斯和勒让德的猜测是否吻合。为了方便表述，这里把高斯和勒让德猜测素数数量的计算公式简称为"高勒公式"。为了验证高勒公式的计算结果与实际的素数个数之间的关系，我们还需要对代码进行扩展，即在代码 7.5 的基础上增加高勒公式的计算函数，参考代码 7.6。然后设计一些测试数据，用来验证高勒公式与素数个数之间的关系。

代码 7.6

```
import math
# 定义函数
def is_prime(n):
    if n < 2:
        return False
    a = 2
    while a * a <= n:
        if n % a ==0:
            return False
        a += 1
    return True

def pi(x):
    k = 0
    for i in range(2, n+1):
        if is_prime(i):
            k += 1
```

```
    return k

def Gaussian(x):
    return x / math.log(x)

# 验证猜测
data = [10,100,1000,10000,100000,1000000]
for n in data:
    k = pi(n)
    g = Gaussian(n)
    print(f"n={n}, 素数计数={k}, 高勒猜测={g:.2f}, 比例={k/g:.2f}")
```

代码 7.6 使用 math 模块中的 log 函数计算 ln(x)，实现了高勒公式的计算函数。然后建立测试数据列表 data，包含 10 到 100 万各个数量级测试数据。最后，利用循环将所有数据进行测试与比较。请读者分析素数的实际计数与高勒公式的计算结果是否吻合。

代码运行结果如下：

```
>>>
n=10, 素数计数=4, 高勒猜测=4.34, 比例=0.92
n=100, 素数计数=25, 高勒猜测=21.71, 比例=1.15
n=1000, 素数计数=168, 高勒猜测=144.76, 比例=1.16
n=10000, 素数计数=1229, 高勒猜测=1085.74, 比例=1.13
n=100000, 素数计数=9592, 高勒猜测=8685.89, 比例=1.10
n=1000000, 素数计数=78498, 高勒猜测=72382.41, 比例=1.08
```

如图 7.2 所示的折线图为程序基于 n 的值计算出的素数个数与高勒公式计算结果的比值。我们可以发现随着 n 的增大，素数的实际计数与高勒公式计算结果的比例越来越接近 1。以此类推，随着 n 趋向于无穷大，素数的实际个数应该与高勒公式的计算值无限接近。目前我们的程序无法验证这一猜测，因为把 n 设置为 1000 万时，程序的计算时间非常长。如果不提升程序的计算效率，对素数个数的估算只能停留在 100 万数量级。

数学家已经研究出来更高效的素数计数方法，其中比较著名的一种叫作厄拉多塞素数筛选法（Sieve of Eratosthenes）。这个方法能够更加高效地找出素数，并实现计数。请读者自行查阅厄拉多塞素数筛选法的资料，实现其算法，并进一步探究素数计数函数。

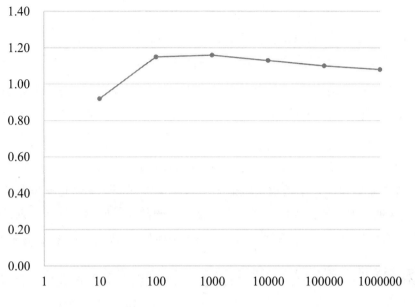

图 7.2　素数实际计数与高勒公式计算结果的比值变化趋势

7.1.4　哥德巴赫猜想

哥德巴赫猜想（Goldbach's conjecture）是数学皇冠上的明珠，是极为重要的一个猜想，由数学家哥德巴赫于 1742 年在与欧拉的通信中提出。哥德巴赫猜想可以用现代的数学语言表述为：

任意一个大于 2 的偶数，都可以表示成两个素数之和。

在众多的数学猜想中，哥德巴赫猜想非常容易理解，因为其表述非常简单。然而，哥德巴赫猜想在提出后的很长时间都没有得到验证。直到 20 世纪才有数学家提出了验证思路，形成了一些突破。目前最好的结果是我国数学家陈景润在 1973 年发表的陈氏定理。

虽然截至目前这个猜想仍然没有被证明，但是有许多人在尝试验证这个猜想。以下是维基百科上列举的验证哥德巴赫猜想的数据：

- 1938 年，尼尔斯·皮平（Nils Pipping）验证了所有小于 10^5 的偶数；
- 1964 年，M·L·斯坦恩和 P·R·斯坦恩验证了小于 10^7 的偶数；
- 1989 年，A·格兰维尔将验证范围扩大到 $2*10^{10}$；

- 1993 年，Matti K. Sinisalo 验证了 10^{11} 以内的偶数；
- 2000 年，Jörg Richstein 验证了 $4*10^{14}$ 以内的偶数；
- 2014 年，数学家已经验证了 $4*10^{18}$ 以内的偶数。

上述数据表明目前为止在 $4*10^{18}$ 的范围内，仍然没有找到哥德巴赫猜想的反例。当然，这只是数据验证，并不能证明哥德巴赫猜想。我们可以尝试设计一个程序来进行数据验证。

假设给定一个偶数 n，我们计划验证从 n 开始的连续 m 个偶数是否都符合哥德巴赫猜想，首先需要设计一个函数来验证某个偶数是否符合哥德巴赫猜想的条件。代码 7.7 给出了一种实现方式，我们需要逐个测试给定的数据，如果符合要求则返回一个包含两个素数的元组。最后一条返回语句应该不会被触发，否则说明哥德巴赫猜想被推翻。

代码 7.7

```python
def gdbh(n):
    for i in range(2, n//2):
        if is_prime(i) and is_prime(n-i):
            return (i, n-i)
    return (-1, -1)
```

代码 7.8 给出了完整的测试代码，修改变量 n 和 m 的值则可以测试不同数据，请读者尝试使用不同数据进行测试！

代码 7.8

```python
def is_prime(n):
    if n < 2:
        return False
    a = 2
    while a * a <= n:
        if n % a ==0:
            return False
        a += 1
    return True

def gdbh(n):
    for i in range(2, n//2):
        if is_prime(i) and is_prime(n-i):
            return (i, n-i)
    return (-1, -1)
```

```
# 验证哥德巴赫猜想
n = 10000
m = 5
print(f'现在开始验证从{n}开始的{m}个偶数是否符合哥德巴赫猜想:')
for i in range(m):
    r = gdbh(n)
    print(f"{n} = {r[0]} + {r[1]}")
    n += 2
```

代码运行结果如下：

```
>>>
现在开始验证 10000 开始的 5 个偶数是否符合哥德巴赫猜想：
10000 = 59 + 9941
10002 = 29 + 9973
10004 = 31 + 9973
10006 = 83 + 9923
10008 = 41 + 9967
```

7.2　概率游戏

7.2.1　掷骰子

掷骰子是研究概率的一个常用案例。从理论上讲，掷一次骰子，得到 6 种点数的概率是相同的，都是 1/6。如果通过实际操作来验证这个理论概率，需要重复执行许多次掷骰子的动作，然后记录每种点数出现的次数，最后计算出相应的概率。在现实中，实验次数会受到各种条件的限制。

如果借助计算机来模拟掷骰子的过程，它可能只需要一秒钟就能进行上百万次实验。因为掷骰子是随机事件，所以掷骰子的模拟程序需要使用随机函数，即 Python 的 random 模块。在 3.3.4 节中，我们介绍过 random 模块中有一个 random.randint(a, b)函数，可以随机生成[a, b]之间的整数。掷骰子程序可以沿用上述思路。

代码 7.9

```
import random
# 定义函数
def roll_dice():
    return random.randint(1, 6)
```

```
# 进行测试
for i in range(1, 6):
    a = roll_dice()
    print(f"第{i}次实验，点数为：{a}")
```

代码运行结果如下：

```
>>>
第 1 次实验，点数为：6
第 2 次实验，点数为：3
第 3 次实验，点数为：6
第 4 次实验，点数为：2
第 5 次实验，点数为：3
```

代码 7.9 中设计了一个 roll_dice()函数（骰子的英文就是 dice），它会返回一个 1～6 之间的随机数。每执行一次函数可以模拟一次掷骰子的过程，得到一个 1～6 之间的点数。代码 7.9 中包括测试这个函数的代码：通过 5 次实验，测试函数执行的效果。如果多次运行这个程序，可以发现每次输出的结果可能有所不同，因为点数是随机出现的。

显然，要验证掷骰子的结果概率，只进行 5 次实验是远远不够的，我们需要进行大量的实验，这里设置一个变量 n 表示实验次数，完成实验后，记录并输出每个点数出现的次数。我们可以使用一个列表记录数据，在索引值为 i 的位置保存点数为 i 的出现次数，最后遍历列表即可输出结果，参考代码 7.10。

代码 7.10

```
import random
# 定义函数
def roll_dice():
    return random.randint(1, 6)


# 进行测试
n = 100
data = [0] * 7
for i in range(n):
    a = roll_dice()
    data[a] += 1


# 输出结果
print(f'一共掷骰子{n}次')
for i in range(1, 7):
    print(f'点数{i}的出现次数为：{data[i]}')
```

代码运行结果如下：

```
>>>
一共掷骰子 100 次
点数 1 的出现次数为：16
点数 2 的出现次数为：11
点数 3 的出现次数为：29
点数 4 的出现次数为：11
点数 5 的出现次数为：15
点数 6 的出现次数为：18
```

从代码 7.10 的运行结果看，n 为 100 时，各个点数的出现次数并不相同。但是，如果将变量 n 的值设置为 100 万，就会发现各个点数的出现次数非常接近。本节设计了掷一个骰子的函数，如果掷两个骰子，请读者思考应该如何设计程序。

7.2.2　帕斯卡的游戏

帕斯卡（Pascal）是法国科学家、数学家、教育家，他首次解释了压强和真空的概念，因此压强的单位以帕斯卡命名。1654 年，一位名为德·梅雷的法国贵族向帕斯卡请教了一个亲身经历的"分赌注问题"。在解决这个问题的过程中，帕斯卡和好友费马提出了一种著名的数学理论——概率论。

在帕斯卡和费马的讨论中，提到了这样一个游戏，其规则如下：

- 掷一个骰子 4 次，如果出现 6，帕斯卡赢；
- 如果 4 次都不是 6，费马赢。

游戏的规则非常简单，问题是如果玩这个游戏 N 次，帕斯卡和费马谁会赢呢？我们可以先准备一个骰子，和朋友一起来玩这个游戏，并准备类似表 7.2 的记录表，玩 20 个回合，记录游戏过程数据。最后，统计每个人的胜利次数，查看谁的胜率更高。

表 7.2　游戏实验记录表

回 合	第 1 次	第 2 次	第 3 次	第 4 次	胜 利 者
1	2	5	4	1	费马
2	1	1	6		帕斯卡
3	3	2	4	1	费马
...					
19	2	2	3	5	费马
20	6				帕斯卡

因为游戏结果是随机的，有限次数的游戏结果并不能说明游戏结果的概率分布，所以利用计算机来模拟游戏过程是一个可行的方案。前面我们已经设计过掷骰子函数，现在只需要把帕斯卡游戏的规则设计成函数即可，参考代码 7.11。

代码 7.11

```python
def pascal():
    for i in range(4):
        if roll_dice() == 6:
            return 1
    return 0
```

代码 7.11 的函数实现了帕斯卡游戏一个回合的过程。通过 4 次循环掷骰子，如果出现 6，则立即返回整数 1，表示帕斯卡赢；循环结束时仍然没有出现 6，则返回 0，表示帕斯卡输。

我们只需要设计一个模拟 n 回合游戏的函数，返回 n 回合游戏后帕斯卡赢的次数，来探究前面提出的问题：如果玩这个游戏 N 次，帕斯卡和费马谁会赢？参考代码 7.2。

代码 7.12

```python
import random
# 定义函数
def roll_dice():
    return random.randint(1, 6)

def pascal():
    for i in range(4):
        if roll_dice() == 6:
            return 1
    return 0

def simulation(n):
    count = 0
    for i in range(n):
        count += pascal()
    return count

# 进行测试
data = [10,100,1000,10000,100000,1000000]
for n in data:
    p = simulation(n)
```

```
win_rate = p / n
print(f'模拟{n}次游戏，帕斯卡胜率={win_rate:.3f}')
```

代码运行结果如下：

```
>>>
模拟 10 次游戏，帕斯卡胜率=0.400
模拟 100 次游戏，帕斯卡胜率=0.480
模拟 1000 次游戏，帕斯卡胜率=0.521
模拟 10000 次游戏，帕斯卡胜率=0.523
模拟 100000 次游戏，帕斯卡胜率-0.517
模拟 1000000 次游戏，帕斯卡胜率=0.518
```

代码 7.12 对帕斯卡游戏进行了不同次数的模拟。从运行结果看，随着游戏次数的增加，帕斯卡的胜率越发稳定，保持在 0.518 左右。请读者尝试多次运行该程序，检查结果是否相似。如果把上述数据做成折线图，这个趋势会更加明显，如图 7.3 所示。

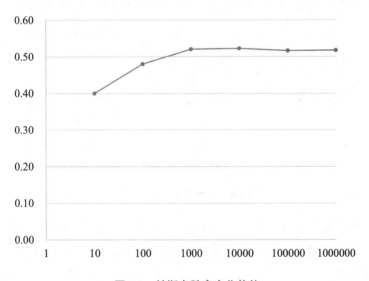

图 7.3　帕斯卡胜率变化趋势

根据代码 7.12 的运行结果，帕斯卡会成为最终的胜利者。下面我们尝试从概率的角度计算出帕斯卡的理论胜率。

- 掷骰子 1 次，得到 6 的概率为 1/6；
- 掷骰子 1 次，不是 6 的概率为 5/6；
- 掷骰子 4 次，都不是 6 的概率为 $(5/6)^4$；
- 掷骰子 4 次，出现 6 的概率为 $1 - (5/6)^4$。

$$\text{帕斯卡的胜率 } p = 1 - \left(\frac{5}{6}\right)^4 \approx 0.51774$$

因此，从模拟实验和理论概率计算两个角度来看，这个游戏的最终赢家应该是帕斯卡。

7.2.3 蒙提霍尔问题

蒙提霍尔问题（Monty Hall problem，也被称作三门问题）源于美国的一个电视游戏节目 Let's Make a Deal，问题的名字来源于该节目主持人蒙提·霍尔（Monty Hall）。这个节目中有一个游戏，主持人邀请一名玩家上台，前面有三扇关着的门，其中一扇门背后有一辆汽车（奖品），另外两扇门背后是山羊。玩家首先选择一扇门，然后主持人会选择打开剩下两扇门中其中一扇背后有山羊的门，并询问玩家是否要改变选择。因为这时仍然有两扇门是关闭的，玩家并不能确定自己选择的门背后是什么。那么，你觉得玩家应该坚持最初的选择还是改变选择，哪种策略获奖的概率更高呢？

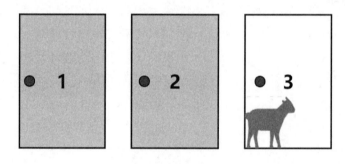

图 7.4　蒙提霍尔问题示意图

要分析出不同策略的获奖概率，一种思路是：选择一种策略玩这个游戏，计算最终的获奖概率。但是在现实中游戏次数会受到限制，因此用计算机模拟这一过程仍然是我们的首选方法。

假设我们要模拟的策略是：主持人打开一扇门之后，玩家始终改变选择。代码 7.13 设计了一个模拟这一策略的函数。首先在三扇门背后随机放置汽车，然后玩家随机选择其中一扇门。因为当主持人打开一扇门之后，玩家会选择改变最初选择，所以如果最初的选择 choice 正好是有汽车的那扇门 car，那么就无法赢得奖品，返回值为 0；否则返回值为 1，表示赢得奖品，参考代码 7.13。

代码 7.13

```python
def monty_hall():
    car = random.randint(1, 3)
```

```
        choice = random.randint(1, 3)
    if car == choice:
        return 0
    else:
        return 1
```

我们还需要再设计一个 simulation()函数，实现游戏的多次模拟。代码 7.14 实现了蒙提霍尔问题的模拟。

代码 7.14

```
import random
# 定义函数
def monty_hall():
    car = random.randint(1, 3)
    choice = random.randint(1, 3)
    if car == choice:
        return 0
    else:
        return 1


def simulation(n):
    count = 0
    for i in range(n):
        count += monty_hall()
    return count


# 进行测试
data = [10,100,1000,10000,100000,1000000]
print('模拟蒙提霍尔问题，游戏策略：每次都改变最初选择')
for n in data:
    wins = simulation(n)
    win_rate = wins / n
    print(f'模拟{n}次游戏，赢得奖品的几率={win_rate:.3f}')
```

代码运行结果如下：

```
>>>
模拟蒙提霍尔问题，游戏策略：每次都改变最初选择
模拟 10 次游戏，赢得奖品的几率=0.600
模拟 100 次游戏，赢得奖品的几率=0.600
模拟 1000 次游戏，赢得奖品的几率=0.691
模拟 10000 次游戏，赢得奖品的几率=0.676
模拟 100000 次游戏，赢得奖品的几率=0.665
```

模拟 1000000 次游戏，赢得奖品的几率=0.667

从输出结果来看，改变最初选择这一游戏策略的胜率似乎为 0.667 左右。这个结论似乎并不合理，因为两种策略应该有大致相同的胜率。但是实验结果似乎非常明确：改变最初选择是更好的策略。

从代码本身来看，这个结果似乎是预料之中的。从代码 7.13 中可以发现，如果最初选择正好是有汽车的那扇门，那么改变选择就会输，输掉奖品的概率就是最初选择为汽车的概率，即 1/3。反之，赢的概率是 2/3，与模拟结果一致。

我们可以再用穷举法来理解这个结论。假设玩家最初选择的是 1 号门，那么其所有的可能性如图 7.5 所示。从图中可以看出，改变最初选择的胜率为 2/3。如果玩家最初选择为 2 号或者 3 号门，其结果相同，请读者尝试自行绘制游戏过程情况图。因此可以得出结论：在蒙提霍尔问题中，改变最初选择是更好的策略，获奖概率为 2/3。

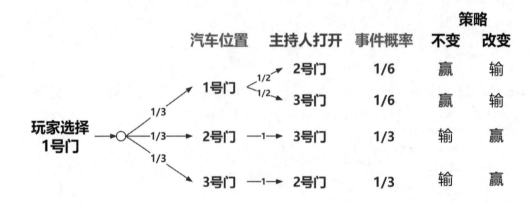

图 7.5　蒙提霍尔问题所有情况列举

7.3　二进制

7.3.1　看懂二进制数

二进制（binary）是指以 2 为基数的记数系统，该系统中只有 0 和 1 两个数字。因为数字电路中的高低电位正好是两种状态，因此计算机设备都采用二进制。一位二进制数字被称为比特（Binary Digit，简写为 Bit）。

应该如何理解二进制数？或者怎样才能把二进制数转换为容易理解的十进制数？

这个问题并不复杂，我们可以参考十进制数的含义，来理解二进制数。例如，十进制数 123 的 1 表示 100，也就是 1×10^2，2 表示 2×10^1，3 表示 3×10^0，三者相加是 123。对于一个二进制数，其每一位的含义与十进制数相似，只是基数为 2，而不是 10。

图 7.6 展示了二进制数 101010 转换为十进制数的过程。我们只需将二进制数的每一位写成数字乘以 2 的 n 次方的形式，然后将计算结果相加，就是其对应的十进制数。

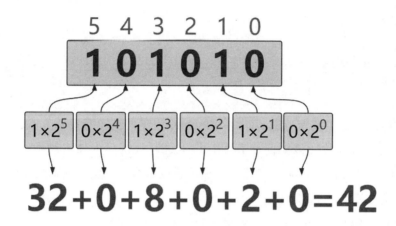

图 7.6　二进制转换为十进制

7.3.2　进制转换

理解二进制数之后，我们尝试设计一个程序来将二进制数转换为十进制数。实现思路是，遍历二进制数，将每一位上的数字乘以 2 的对应次方。根据这个思路，我们只需要将二进制数当作字符串来处理，计算过程非常简单。

在代码 7.15 中，binary_to_decimal()函数根据上述思路设计（decimal 是十进制的意思）。函数通过循环遍历字符串 b 的索引值，获得每个位置上的数字后，再乘以其对应的 2 的 n 次方。最后，程序返回累加值，得到对应的十进制数。

代码 7.15

```
# 定义函数
def binary_to_decimal(b):
    d = 0
    for i in range(len(b)):
        place = len(b) - 1 - i
        d += int(b[i]) * (2**place)
```

```
    return d

# 测试函数
print('请输入一个二进制数：')
a = input()
d = binary_to_decimal(a)
print(f'{a}转为十进制={d}')
```

代码运行结果如下：

```
>>>
请输入一个二进制数：
101010
101010 转为十进制=42
```

实现二进制转换为十进制，对于 Python 程序来说轻而易举。那么，如果把十进制数转换为二进制数应该如何计算呢？将十进制数转换为二进制数一般采用"基数除法"，可以简单描述为：除以 2 取余，逆序排列余数。假设十进制数 n 要转换为二进制，其具体步骤如下：

（1）n 除以基数 2，余数为对应二进制数的最低位；

（2）将上一步的商再除以 2，余数为对应二进制数的次低位；

（3）重复步骤 2，直到商等于 0，将余数逆序排列即得到 n 对应的二进制数。

根据上述步骤，请读者尝试设计一个 decimal_to_binary()函数，将十进制数转换为二进制数。代码 7.16 给出了样例程序，请读者仔细思考为什么表示二进制数的变量 b 需要是字符串类型，而且求得余数后是 b = str(r) + b，而不是 b = b + str(r)。因为余数的逆序排列，所以我们需要将后面求得的余数放在更高的位次，而字符串非常适合处理这种情况。

代码 7.16

```
# 定义函数
def decimal_to_binary(d):
    b = ''
    while d != 0:
        r = d % 2
        b = str(r) + b
        d = d // 2
    return b

# 测试函数
```

```
print('请输入一个正整数：')
n = int(input())
b = decimal_to_binary(n)
print(f'{n}转为二进制={b}')
```

代码运行结果如下：

```
>>>
请输入一个正整数：
42
42 转为二进制=101010
```

7.3.3　小数转二进制

在 Python 编程中，进行小数计算会出现一些奇怪的情况，例如，尝试在 Shell 中输入 0.1/0.3，输出结果并不是我们预计的 0.33333…，其最后一位是 7。而且尝试执行表达式 0.1+0.1+0.1==0.3，返回值为 False，这是不合常理的。

```
>>> 0.1/0.3
0.33333333333333337
>>> 0.1+0.1+0.1==0.3
False
```

这是因为二进制浮点数只是一种近似，与小数的进制转换有关。前面我们使用代码 7.16 把十进制整数转换为二进制整数，并没有尝试小数。事实上大部分十进制小数都无法精确转换为二进制小数，因为小数的转换规则如下：

（1）用 2 乘以十进制小数，整数部分为对应二进制小数的最高位；

（2）将步骤（1）的小数部分乘以 2，整数部分为对应二进制小数的次高位；

（3）重复步骤（2），直到乘积为 0 或 1（无小数部分），或达到所需精度为止。

代码 7.17 实现了将十进制小数转换为二进制小数的函数，该函数可以根据精度来实现转换。我们将精度设置为 20，然后分别测试小数 0.625 和 0.1。

代码 7.17

```
# 定义函数
def decimal_to_binary(d, k):
    b = '0.'
    i = 0
    while i < k:
        r = int(d * 2)
```

```
        b += str(r)
        d = d * 2 - r
        if d == 0:
            break
        i += 1
    return b
```

```
# 测试函数
print('请输入一个小数：')
n = float(input())
b = decimal_to_binary(n, 20)
print(f'{n}转为二进制={b}')
```

代码运行结果如下，从程序的运行结果来看，我们发现 0.625 可以转换为一个有限的二进制小数，但是 0.1 似乎是一个无限循环的二进制小数。

```
>>>
请输入一个小数：
0.625
0.625 转为二进制=0.101
>>> = RESTART: ...
请输入一个小数：
0.1
0.1 转为二进制=0.00011001100110011001
```

当我们理解十进制小数转换为二进制小数的原理后，就可以理解为什么 0.1+0.1+0.1==0.3 的值为 False。同时，当我们需要执行一些高精度的计算时，也需要考虑浮点数运算的误差问题。例如，银行系统的数据一般都使用整数类型表示存款数额。请读者思考如果使用浮点数会有什么问题。

7.4　凯撒密码

7.4.1　信息加密

在传递信息时，我们希望信息经过加密处理，以保证只有接收信息的人才能理解信息的内容。例如，战争时期的情报通常都需要进行加密。凯撒密码（Caesar Cipher）是一种简单而古老的数据加密技术。凯撒密码的加密方式是：设置一个整数 x 作为密钥，然后将字母表中的所有字母以 x 为偏移量，向后（或向前）移动，生成密文。接收到密文信息的人只需要知道密钥，就可以反向操作来解密信息。

假设密钥（偏移量）为 2，利用凯撒密码加密字母的过程如图 7.7 所示。A 被替换成 C，B 被替换成 D，Z 被替换成 B。这一过程简单明了，因为是通过偏移或者替换来进行信息加密，所以凯撒密码也叫作移位加密或者替换加密。

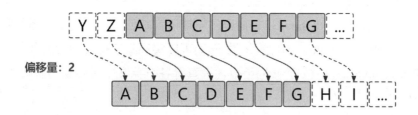

图 7.7　偏移量为 2 的凯撒加密

凯撒密码的加密过程可以用数学表达式来描述。假设将所有字母对应成数字，A=0，B=1，…，Z=25，就可以用下面的函数来描述凯撒密码的加密过程：

$$e(x)=(x+k)\,\%26$$

函数中的 x 表示要加密的字符，k 是密钥（偏移量），% 是取余数运算。函数的运算结果为数字，将其转换成字母即可获得密文。设密钥 k=2，PYTHON 的首字母 P 对应数字 15，经过加密函数计算得 17，对应字母为 R，所以字母 P 加密后得字母 R。图 7.8 呈现了对 PYTHON 应用加密函数的完整过程。密钥 k=2 时，PYTHON 经过加密后成为 RAVJQP。很显然，这个密文几乎没有任何含义，使原来的明文信息得到了保护。

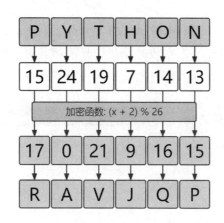

图 7.8　对 PYTHON 应用加密函数的过程

7.4.2 实现加密函数

了解凯撒密码的数学描述后，我们可以尝试通过编程的方式实现加密过程。算法本身非常简单，难点是如何将字母转换为数字。

计算机用二进制存储数据，我们看到的字母、图片等都是以 0 和 1 的形式保存在计算机中的。实际上，Python 和其他程序设计语言都使用统一的编码系统将字符映射到数字。简单来说，Python 的内置函数 ord()可以实现将字母转换为整数的功能。请读者尝试在 Python Shell 中执行 ord()函数，并查看各个英文字母转换为整数的结果。

```
>>> ord('A')
65
>>> ord('a')
97
>>> ord('Z')
90
```

从代码的运行结果来看，大写字母 A 和小写字母 a 对应的整数值并不相同。大写字母 A 对应的整数值为 65，Z 对应的整数值为 90。按照凯撒密码的加密过程，我们还需要将数字转换为字符才能完成加密。Python 提供了一个内置函数 chr()，该函数可以将整数转换为对应的字符。请读者在 Shell 中尝试执行下列语句。

```
>>> chr(65)
'A'
>>> chr(98)
'b'
```

有了这两个内置函数，我们就可以使用 Python 代码实现凯撒密码的加密函数。因为 A 需要对应 0，将字符转换为整数时，我们只需将其对应的整数值减去 65；同样，把整数转换为字符时，需要将整数值加上 65。

代码 7.18

```
# 凯撒密码加密函数
def encrypt(c, k):
    x = ord(c) - 65
    x = (x + k) % 26 + 65
    return chr(x)
```

代码 7.18 是根据上述思路设计的加密函数。加密和解密对应的英文单词分别为 encrypt 与 decrypt，因此我们将加密函数命名为 encrypt。该函数有两个参数，分别为需要加密的字母 c 和密钥 k。下面来对加密函数进行测试。

代码 7.19 对明文（plaintext）信息 PYTHON 进行了逐个字符加密，组成了密文（ciphertext）。在密钥（key）为 2 的情况下，加密结果与图 7.8 所示的结果一致。至此，我们实现了凯撒密码的加密函数。

代码 7.19

```python
# 凯撒密码加密函数
def encrypt(c, k):
    x = ord(c) - 65
    x = (x + k) % 26 + 65
    return chr(x)


# 测试部分
plaintext = "PYTHON"          # 明文，原始信息
key = 2                       # 密钥
ciphertext = ""               # 密文，加密后的信息


for c in plaintext:
    ciphertext += encrypt(c, key)
print(f'明文：{plaintext}')
print(f'密钥：{key}')
print(f'密文：{ciphertext}')
```

代码运行结果如下：

```
>>>
明文：PYTHON
密钥：2
密文：RAVJQP
```

7.4.3 解密信息

在密码学（cryptography）中，明文信息经过加密成为密文，密文经过解密重新成为明文。图 7.9 呈现了该流程。

图 7.9 信息的加密解密流程

在了解凯撒密码的加密流程后，请读者深度解密下面一段以 24 为密钥，经过凯撒加密算法加密后的密文。

密文：RM ZC MP LMR RM ZC RFYR GQ RFC OSCQRGML

解密的方法并不复杂，我们只需要根据密钥，找出每个字母对应的明文即可。凯撒密码的解密函数的数学描述如下：

$$e(x) = (x - k)\ \%26$$

代码 7.20

```
# 凯撒密码解密函数
def decrypt(c, k):
    x = ord(c) - 65
    x = (x - k) % 26 + 65
    return chr(x)


# 测试部分
ciphertext = "RM ZC MP LMR RM ZC RFYR GQ RFC OSCQRGML"
key = 24
plaintext = ""
for c in ciphertext:
    plaintext += decrypt(c, key)
print(f'密文: {ciphertext}')
print(f'密钥: {key}')
print(f'明文: {plaintext}')
```

代码运行结果如下：

```
>>>
密文: RM ZC MP LMR RM ZC RFYR GQ RFC OSCQRGML
密钥: 24
明文: TOVBEVORVNOTVTOVBEVTHATVISVTHEVQUESTION
```

代码 7.20 是根据上述算法设计的解密函数。从测试结果来看，我们已经完成了解密，明文应该是：TO BE OR NOT TO BE THAT IS THE QUESTION。从代码运行结果看，密文中的空格也被错误地解密了。密文中有时可能包含空格或者标点，这些无须解密。因此我们需要设置函数只解密字母，同时需要对加密函数进行同样的设置。

代码 7.21

```
alphabet = 'ABCDEFGHIJKLMNOPQRSTUVWXYZ'
# 凯撒密码加密函数
```

```
def encrypt(c, k):
    if c not in alphabet: return c
    x = ord(c) - 65
    x = (x + k) % 26 + 65
    return chr(x)

# 凯撒密码解密函数
def decrypt(c, k):
    if c not in alphabet: return c
    x = ord(c) - 65
    x = (x - k) % 26 + 65
    return chr(x)

# 测试部分
ciphertext = ""
key = 24
plaintext = "TO BE OR NOT TO BE THAT IS THE QUESTION"
print(f'明文: {plaintext}')
print('加密中...')
for c in plaintext:
    ciphertext += encrypt(c, key)
print(f'密文: {ciphertext}')
print('解密中...')
plaintext= ''
for c in ciphertext:
    plaintext += decrypt(c, key)
print(f'明文: {plaintext}')
```

代码运行结果如下：

```
>>>
明文: TO BE OR NOT TO BE THAT IS THE QUESTION
加密中...
密文: RM ZC MP LMR RM ZC RFYR GQ RFC OSCQRGML
解密中...
明文: TO BE OR NOT TO BE THAT IS THE QUESTION
```

代码 7.21 实现了只对大写字母进行加密解密的函数。

请读者思考凯撒密码是否安全，如果不知道密钥，是否可以破解密文？密钥的可能性只有 25 种，所以只要进行穷举测试就可以破解密钥。请尝试设计一个破解凯撒密码密钥的程序，并测试其效果。

7.5 探索分形

7.5.1 海龟绘图

如图 7.10 所示为分形树，树的主干有两个树杈，每个树杈又有两个分支。取其中某个分支，可以发现这个分支与完整的树具有相同的形状和结构。这种局部类似于整体缩小后的形状，或者有自相似性的几何图形，叫作**分形**（fractal）。

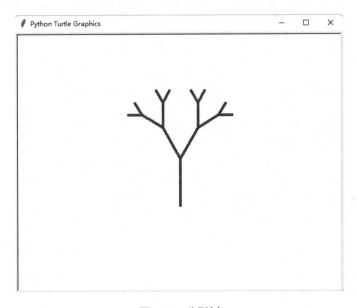

图 7.10　分形树

图 7.10 是使用 Python 的 turtle 模块绘制的简单分形图案。turtle 模块俗称为海龟绘图模块，利用该模块的函数可以实现图形绘制。海龟绘图模块最早由麻省理工学院的 Seymour Papert 教授开发，是程序设计语言 Logo 的一部分。因为海龟绘图能够直观地将数学概念呈现出来，所以 Python 语言内置了 turtle 模块，使 Logo 语言中的重要功能在 Python 中得以应用。

代码 7.22 使用海龟绘图模块绘制了一个红色的正方形（运行结果见图 7.11）。代码的开头导入了 turtle 模块，然后创建了绘图海龟变量 t。设置海龟的画笔颜色（t.pencolor()）后，通过使海龟前进（t.forward()）和左转（t.left()）数次，绘制出了一个正方形。

读者可能会有疑惑：图 7.11 中并没有海龟。实际上，绘图的三角箭头就表示"海

龟"，这是 turtle 模块的默认画笔形状。通过代码 t.shape("turtle")可以将画笔形状设置为
海龟。在代码 7.22 中，前进和左转的代码重复了 4 次，可以使用循环语句进行优化。

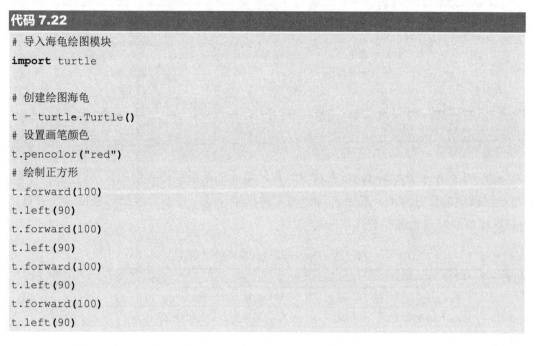

代码 7.22

```
# 导入海龟绘图模块
import turtle

# 创建绘图海龟
t = turtle.Turtle()
# 设置画笔颜色
t.pencolor("red")
# 绘制正方形
t.forward(100)
t.left(90)
t.forward(100)
t.left(90)
t.forward(100)
t.left(90)
t.forward(100)
t.left(90)
```

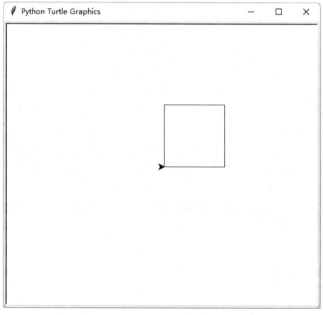

图 7.11　代码 7.22 绘制的正方形

代码 7.23 对代码 7.22 进行了优化，并将画笔形状设置为海龟。请读者测试该程序，

并分析其与代码 7.22 的异同。

代码 7.23

```
import turtle
t = turtle.Turtle()
t.shape("turtle") # 设置画笔形状
t.pencolor("red") # 设置画笔颜色

for i in range(4):
    t.forward(100)
    t.left(90)
```

表 7.3 列举了 Python turtle 模块的常用函数。如果需要更详细的信息，可以访问海龟绘图模块的官方网址，其中有每个函数的具体介绍。请读者根据这些信息，尝试用 turtle 模块绘制三角形和五角星。

表 7.3　Python turtle 模块的常用函数

#	名　　称	别　　称	作　　用
1	forward()	fd()	前进 n 步，例如：t.fd(100)
2	backward()	bk()	后退 n 步，例如：t.bk(100)
3	right()	rt()	右转 x 度，例如：t.rt(90)
4	left()	lt()	左转 x 度，例如：t.lt(90)
5	goto()	setpos()	移动至某坐标，例如：t.goto(0,100)
6	penup()	up()	提起画笔，例如：t.up()
7	pendown()	down()	放下画笔，例如：t.down()
8	pensize()	width()	画笔宽度，例如：t.pensize(5)
9	pencolor()	/	画笔颜色，例如：t.pencolor("red")
10	shape()	/	画笔形状，例如：t. shape("turtle")
11	speed()	/	绘画速度，例如：t.speed("fast")
12	hideturtle()	ht()	隐藏画笔，例如：t.hideturtle()

海龟绘图模块官方网址：https://docs.python.org/3/library/turtle.html

7.5.2　绘制分形树

在了解海龟绘图模块的基本使用方法后，我们可以继续尝试绘制分形树。分形的特点是局部类似于缩小后的整体，即每个局部都是一个整体。我们首先需要绘制出分形树的整体，即树杈的样子。

代码 7.24

```python
import turtle
t = turtle.Turtle()
t.shape("turtle")    # 设置画笔形状
t.pencolor("green")  # 设置画笔颜色
t.pensize(5)         # 设置画笔宽度
t.left(90)           # 左转 90 度，画笔朝向正上方

# 绘制树干
t.fd(100)
# 绘制右方树杈
t.right(30)
t.fd(100)
# 退回树干顶点
t.bk(100)
# 绘制左方树杈
t.left(60)
t.fd(100)
```

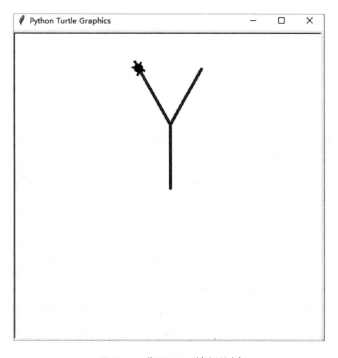

图 7.12　代码 7.24 绘制的树

代码 7.24 绘制了分形树的基本轮廓。在绘制过程中，我们先绘制树干，然后绘制右侧的树杈，画笔回到主干处，再左转后绘制左侧的树杈。实际上，代码 7.24 并没有完全完成任务，因为海龟完成绘图后没有回到原点。同时，因为海龟是从画布中心(0, 0)开始作画，所以绘制的图形处于画布上方。我们希望海龟的出发点能够向下移动，使绘制的图形在画布中居中显示。同时需要注意的是，树杈应该比树干稍短一些，这样才符合树的形状规律。

代码 7.25

```python
import turtle
t = turtle.Turtle()
t.shape("turtle")               # 设置画笔形状
t.pencolor("green")             # 设置画笔颜色
t.pensize(5)                    # 设置画笔宽度
t.left(90)                      # 左转 90 度，画笔朝向正上方
t.up()                          # 提起画笔，否则画笔在移动过程中会同时绘图
t.goto(0, -100)                 # 设置海龟初始位置
t.down()                        # 放下画笔，开始绘图

# 绘制树干
t.fd(100)
# 绘制右方树杈
t.right(30)
t.fd(80)
t.bk(80)
# 绘制左方树杈
t.left(60)
t.fd(80)
t.bk(80)
# 回到原点
t.right(30)
t.bk(100)
```

代码 7.25 对代码 7.24 进行了优化，它绘制了分形树的基本结构。该代码中有几个要点需要注意。首先，使用 goto()将画笔（海龟）移动到某个坐标位置时，需要提起画笔，否则画笔在移动过程中会同时绘图。请读者思考不提起画笔移动会发生什么。画笔的默认坐标为(0, 0)，所以当纵坐标 y 为-100 时，画笔会处于画布的下半部分，使绘制的分形树处于画布中央。图 7.13 呈现了代码 7.25 的绘制结果。

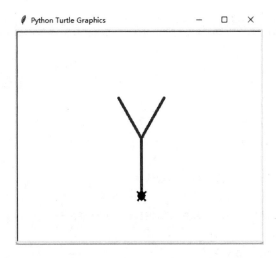

图 7.13　代码 7.25 绘制的树

如何在图 7.13 的基础上绘制真正的分形树？分形的实质是递归，因此可以利用递归函数来实现分形。因为分形树的每一个树杈都是树的形状，所以绘制树的过程可以设计成函数，递归调用该函数即可绘制树杈。

递归函数需要有基本情况，并且使递归调用收敛到基本情况。请读者思考：绘制分形树的基本情况是什么？显然，其基本情况是当树杈太小时，则停止绘制。要使递归收敛，我们只需在每次绘制时减小树杈的长度即可。

代码 7.26 利用递归函数实现了分形树的绘制，图 7.14 呈现了其绘制结果。该递归函数的基本情况是树杈长度小于 10 则停止绘制。读者可以尝试调整树干长度、每次递减的长度和转向角度等参数，对比分析绘图结果。

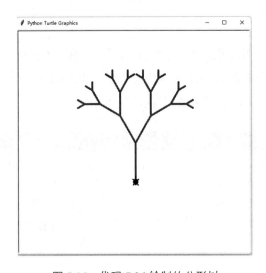

图 7.14　代码 7.26 绘制的分形树

代码 7.26

```python
import turtle
def tree(t, length):
    if length < 10:
        return
    else:
        t.forward(length)
        t.right(30)
        tree(t, length - 20)  # 绘制右边树杈
        t.left(60)
        tree(t, length - 20)  # 绘制左边树杈
        t.right(30)
        t.backward(length)

t = turtle.Turtle()
t.shape("turtle")           # 设置画笔形状
t.pencolor("green")         # 设置画笔颜色
t.pensize(5)                # 设置画笔宽度
t.left(90)                  # 左转 90 度，画笔朝向正上方
t.up()                      # 提起画笔，否则画笔在移动过程中会同时绘图
t.goto(0, -100)             # 设置海龟初始位置
t.down()  #                 # 放下画笔，开始绘图
# 绘制分形树
tree(t, 100)
```

7.5.3 科赫雪花

如果要使用海龟绘图模块绘制一片雪花，应该如何设计程序？代码 7.27 给出了一种思路：用一条带有角的折线重复三次拼接而成。如图 7.15 所示，将顶部红色加粗的形状旋转 120 度，重复两次即可绘制雪花的基本形状。

代码 7.27

```python
import turtle
t = turtle.Turtle()
t.shape("turtle")
t.speed('fast')
t.pencolor("red")
t.pensize(3)
size = 100
```

```
t.up()
t.goto(size*-1.5, size)
t.down()

for i in range(3):
    t.fd(size)
    t.left(60)
    t.fd(size)
    t.right(120)
    t.fd(size)
    t.left(60)
    t.fd(size)

    t.right(120)
    t.pencolor("blue")
    t.pensize(1)
t.ht()
```

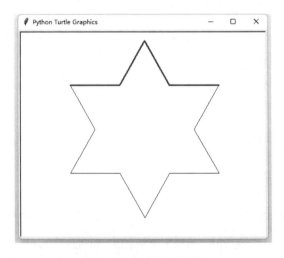

图 7.15　基本雪花形状

　　据说世界上没有两片完全一样的雪花。如果仔细观察雪花的形状，就会发现雪花的边并不是直线，每一条边可能都是一种雪花的分形。瑞典数学家科赫（Koch）提出了一种由科赫曲线构成的分形雪花形状，也叫作科赫雪花（Koch snowflake）。

　　如图 7.15 所示的雪花是 1 阶科赫雪花。如果将其每一条直线变成加粗的折线形状，就成为 2 阶科赫雪花。如果将上述变换后的雪花再进行一次同样的变换，即可得到 3 阶科赫雪花。因为分形可以无限重复，所以雪花的边可以进行无限次变换。

　　我们可以使用递归函数绘制科赫雪花分形图案。请读者尝试设计绘制科赫雪花的递归函数，并绘制出如图 7.16 所示的雪花形状。

　　设计递归函数时，我们首先要考虑其基本情况。在该案例中，因为我们需要设置科赫雪花的阶数（order），所以基本情况应该是 order 降为 0。在 order 大于 0 时，我们只需在绘制直线的部分递归调用科赫雪花绘制函数，参数为 order-1（降 1 阶）与 size/3（边长设为原来的 1/3）。

　　代码 7.28 是根据上述思路设计的科赫雪花绘制程序，如图 7.16 所示为该程序绘制的 3 阶科赫雪花。请读者仔细阅读并尝试运行代码 7.28，修改阶数 order 与边长 size，研究使用不同参数绘制的雪花有何不同。

　　在现实中，如果仔细观察雪花，我们可能会发现很难测量其边缘的长度，因为它的边像科赫雪花一样，是一种分形。因此，当测量某些分形曲线的长度时（例如：海岸线），我们需要确定测量精度。

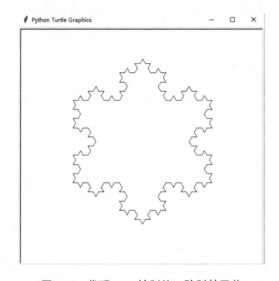

图 7.16　代码 7.28 绘制的 3 阶科赫雪花

代码 7.28

```python
import turtle

def drawKoch(t, order, size):
    if order == 0:
        t.fd(size)
    else:
        drawKoch(t, order-1, size/3)
        t.left(60)
        drawKoch(t, order-1, size/3)
```

```
        t.right(120)
        drawKoch(t, order-1, size/3)
        t.left(60)
        drawKoch(t, order-1, size/3)

t = turtle.Turtle()
t.speed('fast')
t.pencolor("blue")

size = 300
order = 3
t.up()
t.goto(-size/2, size/3)
t.down()

for i in range(3):
    drawKoch(t, order, size)
    t.right(120)

t.ht()
```

7.6 布朗运动

7.6.1 醉龟漫步

　　1827 年，英国植物学家罗伯特 • 布朗通过显微镜观察到，悬浮在水中的花粉所迸裂出的微粒呈现无规则运动。这种运动后来被称为布朗运动（Brownian motion），指微粒在流体中的无规则运动。产生布朗运动的原因是水分子对微粒的撞击，水分子本身在做无规则运动。

　　假设有一只喝醉的海龟，它每次会朝一个随机方向运动一步，那么这只醉龟就像在做布朗运动，形成无规则运动轨迹，我们暂且称其为"醉龟漫步"。

　　现在，我们要尝试用 Python 来呈现醉龟漫步的过程，利用 turtle 和 random 模块来设计一个程序，使海龟进行随机运动。

　　醉龟漫步的过程很明确，我们只需要设定好它随机行走的步数和步长，使用一个 for 循环实现醉龟漫步程序。代码 7.29 给出了样例程序，假设醉龟随机行走 10000 步，为了使其运动轨迹更加清晰，程序把步长 step 设置为 3。因为绘图过程较长，这里通过代码 turtle.tracer(False)进行设置，跳过绘图过程。如果需要显示醉龟漫步的整个过程，可以注释掉这一行代码，并把画笔形状设置为海龟样式。

代码 7.29

```python
import turtle, random

turtle.tracer(False) # 跳过绘图过程
t = turtle.Turtle()
t.speed('fastest')

n = 10000
step = 3
for i in range(n):
    angle = random.randint(0,360)
    t.left(angle)
    t.fd(step)
```

图 7.17 呈现了醉龟漫步程序的运行结果，运动轨迹毫无规则。如果多次运行该程序，会发现每次绘制的图案都不相同。请读者尝试调整变量 n 和 step 的值，查看不同的设定对绘制结果的影响。

图 7.17 醉龟漫步结果

7.6.2　醉龟军团

我们在 7.6.1 节中实现了醉龟漫步程序，模拟了布朗运动过程。代码 7.29 只模拟了一个微粒的无规则运动过程，如果要模拟多个微粒的无规则运动，应该如何实现？

假设有三只醉龟，每只醉龟从一个随机的坐标开始漫步，应该如何设计程序？我们可以把漫步过程设计成函数，每次将海龟放置到随机位置开始绘图。

代码 7.30 中设置了三只海龟，为了方便区分，三只海龟分别设置为不同的颜色。因为画布范围有限，我们将海龟的随机初始坐标设置在[-150, 150]的范围内。如图 7.18 所示为代码的运行结果，每次运行的结果均不相同。请读者尝试多次运行代码 7.30，查看会出现哪些不同的图案。

代码 7.30

```python
import turtle, random
def walk(n, step):
    for i in range(n):
        angle = random.randint(0,360)
        t.left(angle)
        t.fd(step)


turtle.tracer(False)  # 跳过绘图过程
t = turtle.Turtle()
t.speed('fastest')


n = 10000
step = 3
nums = 3
colors = ['blue','red','green']


for i in range(nums):
    x = random.randint(-150,150)
    y = random.randint(-150,150)
    t.up()
    t.goto(x,y)
    t.down()
    t.pencolor(colors[i])
    walk(n, step)
```

图 7.18　三只醉龟漫步结果

假设有 m 只醉龟都从画布中心出发，经过 n 次随机漫步之后，它们会出现在哪里？如果把所有的运动过程都绘制出来，画面可能会混乱不堪。事实上，我们只需要确定 n 次随机漫步之后每只醉龟的位置，然后在相应位置做出标记即可。

如图 7.19 所示为代码 7.31 的运行结果。其中醉龟数量 m 为 100，中间较大的圆点是所有醉龟的出发点（画布中心）。可以发现，经过 10000 次漫步后，醉龟们散落在画布各处。

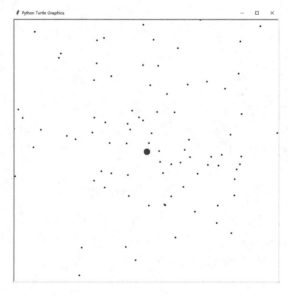

图 7.19　m=100 时的醉龟漫步结果

代码 7.31 中，我们用到了 math 模块的 sin() 和 cos() 函数，用于计算醉龟的随机移动，即修改醉龟的坐标。因为这两个函数的参数是弧度，所以需要把随机生成的角度转换为弧度。请读者尝试在平面直角坐标系中画出对应图形，并进行数学计算，查看 walk() 函数的代码是否合理。

代码 7.31

```python
import turtle, random, math

def walk(pos, n, step):
    for i in range(n):
        angle = random.randint(0,360)        # 随机生成运动方向的角度
        angle = math.radians(angle)          # 转换成弧度
        pos[0] += math.sin(angle) * step     # x 方向移动
        pos[1] += math.cos(angle) * step     # y 方向移动
    return (pos[0], pos[1])                   # 以元组形式返回

def turtles_walk(nums, n, step):
    positions = []
    for i in range(nums):
        pos = [0, 0]
        new_pos = walk(pos, n, step)
        positions.append(new_pos)
    return positions

turtle.tracer(False)                         # 跳过绘图过程
t = turtle.Turtle()
t.speed('fastest')
# 在画布中心做好标记，方便对比
t.pencolor('red')
t.dot(20)
t.pencolor('blue')

n = 10000
step = 3
m = 100                                       # 醉龟数量

positions = turtles_walk(m, n, step)
for pos in positions:
    t.up()
    t.goto(pos[0], pos[1])
```

```
t.down()
t.dot()
```

7.6.3 气体扩散

布朗运动说明分子也在做无规则运动。在中学物理课上学习热力学时，我们了解到分子在高于绝对零度的环境中会做无规则热运动。由于这种热运动，气体分子会不断扩散，在空间中弥漫，直至达到某种平衡。

假设在一个密闭的房间中，左侧与右侧分别有两种气体。根据气体扩散的原理，经过一段时间后，两种气体应该会融合在一起，并充满整个房间。

我们是否可以设计一个程序来模拟这个过程？代码 7.31 中的漫步醉龟可以代表无规则运动的气体分子，如果在画布的左右两侧都放上 m 只醉龟，经过 n 次漫步之后，就可以形成气体扩散后的效果。请读者基于代码 7.31 的方法，根据气体扩散的原理，设计一个模拟气体扩散的程序。

代码 7.32 给出了模拟气体扩散的样例程序。房间两侧分别有 m=300 个分子，当我们把 n 分别设置为 1000 和 10000 时，结果会有很大的不同。如图 7.20 所示，当 n 为 1000 时，房间两侧的分子主要还集中在原来的位置，没有充分融合。但是当 n 为 10000 时，两种气体分子则会充分扩散融合，充满了整个房间。

代码 7.32 实现了气体分子扩散过程的可视化。我们只需要调整变量 n 和 m 的值，就可以分析气体扩散的不同阶段的情况。假设在一个开放空间中，分子可以不受空间限制地自由扩散，最后会是什么结果？请读者设计一个程序来模拟这个过程。

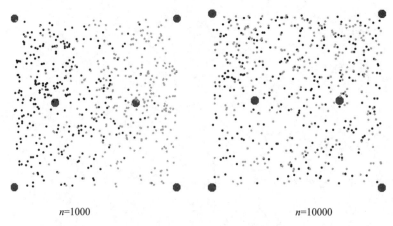

n=1000　　　　　　　　　　　　　　　n=10000

图 7.20　不同 n 值的分子扩散情况

代码 7.32

```python
import turtle, random, math
def draw_dots(dots_position, t, color, size):
    t.pencolor(color)
    for dot in dots_position:
        t.up()
        t.goto(dot[0], dot[1])
        t.down()
        t.dot(size)
def walk(pos, n, step, boundary):
    for i in range(n):
        angle = math.radians(random.randint(0,360))
        move_x = math.sin(angle) * step      # x 方向移动的距离
        move_y = math.cos(angle) * step      # y 方向移动的距离
        # 如果 x 或者 y 遇到房间边界,则反弹
        if pos[0]+move_x > boundary or pos[0]+move_x < -boundary:
            pos[0] -= move_x
        else:
            pos[0] += move_x
        if pos[1]+move_y > boundary or pos[1]+move_y < -boundary:
            pos[1] -= move_y
        else:
            pos[1] += move_y
    return (pos[0], pos[1]) # 以元组形式返回
def turtles_walk(start, nums, n, step, boundary):
    positions = []
    for i in range(nums):
        new_pos = walk(list(start), n, step, boundary)
        positions.append(new_pos)
    return positions


d = 200 # 代表房间范围坐标基础值
dots = [(-d,d),(d,-d),(-d,-d),(d,d)]            # 四个点,表示房间的范围
draw_dots(dots, t, 'green', 20)
starts = [(-d/2,0),(d/2,0)]                     # 绘制两侧气体分子的出发点
draw_dots(starts, t, 'red', 20)
n = 10000
step = 5
m = 300 # 分子数量
left_molecules = turtles_walk(starts[0],m, n, step, d)
right_molecules = turtles_walk(starts[1],m, n, step, d)
```

```
draw_dots(left_molecules, t, 'blue', 5)
draw_dots(right_molecules, t, 'orange', 5)
```

本章小结

本章主要介绍了利用 Python 进行跨学科编程的案例。案例包括素数、概率、二进制、密码学、分形图案、分子运动等多种主题。我们可以从这些案例中发现，Python 编程可以为解决问题提供全新的思路，这种利用编程来解决问题的思维就是计算思维。掌握了这些技能，读者可以在自己的学科中，找到合适的切入点，设计出精彩的跨学科编程项目。这种跨学科的学习形式，可以帮助学生更好地掌握学科知识，并从多种角度思考问题，培养其高阶思维能力。

关键术语

- 素数
- 模拟
- 随机
- 密文
- 分形

课后习题

1．请根据厄拉多塞素数筛选法，设计一个高效率的素数计数函数。

2．设计一个十进制转二进制程序，该程序可以读取任意形式的十进制数（同时有整数和小数部分），并实现二进制转换。

3．请根据凯撒密码的原理，设计一个破解凯撒密码密钥的程序。

4．谢尔宾斯基三角形（Sierpinski triangle）是一种分形图形，请搜索相关资料，设计一个绘制谢尔宾斯基三角形的程序。

5．请根据感兴趣的主题设计一个跨学科编程项目。